정통테이블세팅
한정혜 오경화
백산 출판사

정통 테이블세팅

TABLE SETTING

2005년 2월 15일 인 쇄
2005년 2월 25일 발 행

저 자 / 한정혜 · 오경화
발행인 / 진욱상

발행처 / 백산출판사
등록 : 1974. 1. 9. 제1-72호
서울시 성북구 정릉3동 653-40
전화 : (02)914-1621, 917-6240
팩스 : (02)912-4438

www.baek-san.com
edit@baek-san.com

값 33,000원

ISBN 89-7739-700-6 92590

written Han Jung-Hae, Oh Kyoung-Hwa
chief editor Kim Su-Yong
photo artist Lee Kwang-Jin
illustrator & paintor artist Jung Ein-Sil, Lee Mi-Ok, Kim Eun-Ji

PREFACE

머리말

요리가 좋아서 시작한 일이었고, 요리학원을 운영하며 우리나라의 식문화 교육에 나름대로 최선을 다하며 지내온 지 40여년을 앞두고 테이블 세팅에 관한 책으로 여러분들을 만난다는 사실이 무척이나 가슴 설레고 기쁜 일로 다가온다.

지금 생각해보면 그 당시의 용감함이 어디에서 나왔는지 나 자신 놀랍다는 생각이 들기도 한다. 40여 년 전에 일본 유학을 꿈꾸고, 다시 서울에 돌아와 정리된 레시피로 많은 사람들과 함께 체계적인 수업을 시작해보고 싶었던 마음이 계기가 되었다. 이것을 시작으로 세계를 다니며 다른 나라의 요리를 통해 여러 사람들의 생활과 역사를 살펴볼 기회가 많았고, 이러한 기회를 통하여 요리란 에너지를 보충하기 위하여 단순히 먹는 행위에 머무는 것이 아니고 여기에는 우리들이 살아온 역사와 문화가 살아 숨 쉬고 있다는 새로운 사실들을 깨닫게 되었다. 이러한 식탁문화는 한 개인의 성장배경뿐만 아니라 각자의 고유한 음식과 매너, 그리고 그 나라와 민족의 특징 등 모든 것을 말해주고 있었던 것이다. 요리를 배움으로써 세계를 배우는 것이었다.

이렇게 하여 요리를 시작으로 국제매너를 공부하게 되었고, 나아가 테이블 세팅에 관한 공부를 한 시간들은 나 스스로도 또 하나의 커다란 행복을 느끼게 되는 순간들이었다. 이러한 행복을 많은 분들과 함께 하고자 이번에 큰 용기를 내어 펜을 잡아보았다. 더불어 독자들을 직접 초대하는 기분으로 그 동안 세계를 돌아다니며 30여년 가까이 오랜 세월 모아온 그릇들로 식탁을 꾸며 보았다.

초대하는 마음과 초대받는 마음의 기쁨은 같은 것이라고 생각한다.
즐겁고 기쁜 마음으로 식탁에 앉았을 때의 흐뭇한 기분은 오늘의 행복을 선물로 받는 것이다. 어떠한 시대에도 어떠한 나라에서도 국제적인 수준의 테이블 세팅은 오늘의 손님을 행복으로 이끄는 길잡이가 된다. 특히나 동서양의 경계가 허물어지고 교류가 활발해진 오늘날, 기쁜 마음으로 준비한 테이블 세팅은 중요한 손님을 접대하는 에티켓일 뿐만 아니라 범세계적 우호를 돈독히 할 수 있는 식탁외교라고도 할 수 있겠다.

PREFACE

여기에 소개된 다양한 상차림들의 특징은 최고의 대접을 하기 위한 국제적인 수준의 테이블 세팅부터 가족들과 함께 행복한 추억을 만들어 나갈 수 있는 일상적인 상차림까지 다양하게 제시되었다는 점이다. 그리고 식탁이란 사람이 중심이 되는 것인 만큼 편안한 상차림을 연출하는데 주안점을 두었다. 사람이 중심이 되는 테이블에서는 식사하는 사람이 불편하지 않고 편안하며 행복한 마음으로 식사를 하는 것이 가장 중요하기 때문이다.

결코 녹녹치만은 않은 작업이었지만 언제나 나와 함께 같은 일터에서 시간을 같이 하고 있는 딸 경화와 함께 해 든든했다. 음대를 졸업하였지만 엄마의 모습에서 자신의 미래를 결정하였다는 딸이었고, 언제나 믿음직스러운 나의 오른팔이니까.

또한 이번에 이 책을 제작하는데 있어 주한 프랑스 대사관의 프랑소아 데 꾸에뜨 크리스티나(FRANCOIS DESQUETE CHRISTINA)대사부인, 주한 헝가리 대사관의 율리아 라슬로(JÚLIA LÁSZLÓ)대사부인, 이집트 대사관의 아비르 헬미(ABIR HELMY)대사부인, 그리고 주한 모로코 대사관의 누리아 알르쥬 하킴(NOURIA ALJ HAKIM)대사부인의 적극적인 협조로 대사관의 공식만찬과 국제적인 분위기, 각국의 식탁문화를 엿볼 수 있는 다양한 식탁연출을 함께 호흡할 수 있었기에 심심한 감사를 전하는 바이고, 한편 무궁화로타리 클럽의 14대 정재욱회장에게도 감사의 말을 전하고 싶다.

그리고 적극적인 협조로 이 책에 대한 큰 사랑을 보여주신 백산출판사의 진욱상사장님과 어려운 편집과정에서도 항상 웃음을 잃지 않으셨던 김수용 편집실장님에게도 감사의 말을 드린다.

한 정 혜

저/자/소/개

한 정 혜

한정혜요리학원장

이화여자대학교 정보과학대학원 강사

동국대학교 경영대학원 강사

일본 동경 에가미(江上)요리학교 졸업

일본 이이다 미유끼(飯田 深雪) 데임(Dame) 매너교실 수료

프랑스 이마다 미나꼬(今田 美奈子) Savoire vivre(식공간연출) 수료

국제매너 카운슬러 자격증 취득

사회교육부문 대통령상 수상

2004, 2005 일본 동경 돔(Tokyo Dome)「테이블 웨어 페스티발」전시회 초대작가로 참여

〈저서〉

<매너스쿨> <매너는 매력이다> <만화로 배우는 테이블 매너>

<즐거운 날의 상차림> <글로벌 시티즌이 되는 길(서울대학교 교양 교재)>

<생활매너> 외 요리책 다수 출판

오 경 화

한정혜요리학원 부원장

이화여자대학교 음악대학 졸업

덕성여자대학교 교육대학원 졸업(교육학석사)

경기대학교 관광전문대학원 식공간연출학과 졸업(관광학석사)

일본 동경 에가미(江上)요리학교 졸업

일본 이마다 미나꼬(今田 美奈子) Savoire vivre(식공간연출) 수료

MBC-TV <오늘의 요리> KBS-TV <가정요리> 외 다수 방송활동 중

교육부장관상 수상

2004, 2005 일본 동경 돔(Tokyo Dome)「테이블 웨어 페스티발」전시회 초대작가로 참여

안양대학교 우송대학교 출강

〈저서〉

<가정요리> <신 조리용어> <생활매너> <테이블 코디네이트>

Contents 차례
Table Setting

Part I Kinds of Table
테이블의 종류

Part II Elements of Table
테이블의 기본요소

Part III Tea Time
티타임

Contents 차 례
Table Setting

Part IV Tableware & Silverware
식기 및 은기

Part V Characteristic of Table
테이블의 특징

Part VI Art of Table
식의 연출

Part I

Kinds of Table

테이블의 종류

테이블 Table

식사 · 응접 · 회의 등에서 사용하는 탁자 · 식탁의 총칭으로 대(臺)라고도 한다.
다리와 윗널빤지로 이루어졌고, 고대사회 때부터 이용되어 다양한 모양으로 발전하였는데,
고대이집트에서는 신에게 바치는 공물(供物)용과 귀족의 식사용이 기본형이었다.

For meals, receptions, meetings, the table or a stand is used.
It's made up with the leg and the upper board.
It was used from the ancient times and its shape was developed over time.
In Egypt, it was used for the meals of the nobility and for offerings to their gods.

호텔에서의 정찬

Dinner at the Hotel Lotte

19세기 초에 생산되어 마리아 테레지아 여왕의 도자기로 지정되었던
그린색의 장미가 그려진 도자기로 정찬의 테이블을 차렸고,
화려하고 웅장한 실내와 조화를 이룰 수 있도록 노랑색의 식탁화가 테이블 중심에 놓였다.

The table was prepared by placing the ceramic produced in the 19th century
and designated as Queen Maria Theresia's,
and a yellow table cloth was placed in the center of the table in order to be in harmony
of the elegant and grandeur indoors.

프랑스 대사관의 공식만찬

Official Dinner of the French Embassy at Seoul

프랑스의 국가적인 공식만찬의 테이블세팅이다.
약간의 수가 놓여진 백색의 테이블 클로스와 백색의 식기,
글라스, 커틀러리가 질서있게 놓여져 있어
우아하고 격조높은 분위기를 자아낸다.

It is a national formal table set of France.
The white table cloth with a little bit of embroidery and white tablewares, glasswares, and cutlery are placed to show an elegant and high tone mood.

같은 식기이지만, 시간에 따라 달라지는 햇빛의 광선과 밝은 색깔의 꽃이 화사하고 명랑한 분위기로 연출되고 있다.
The sunlight that changes according to the time of the day and bright colored flowers on the dinnerware are transfored to a splendid, bright mood.

일인분의 세팅으로, 금으로 만들어진 베르메이유 스타일의 커틀러리가 놓여있다.
Vermeil style of cutlery made of gold are placed for a one-person setting.

베르메이유는 17~18 세기에 사용되던 장식으로 금으로 만든 세트를 말하며, 특히 나폴레옹 1세(1769~1821) 시대에 왕실에서 즐겨 사용하였다.
Vermeil was a gold decoration set used in the 17~18th C, and it was especially used in the palace of Napoleon I's times.

런치타임 Lunch time

간소한 테이블 세팅.

테이블 클로스를 깔지 않고 매트를 깔았다. 점심식사이므로 글라스도 물컵과 와인잔 두 종류만 놓았다.

The table setting which is simple.

The mat was spread without the table cloth. Since it is lunch, the glasses are simply for water and wine.

조세핀(Joséphine, 1763~1814)

참으로 나긋나긋하고 탄력이 있으며 부드러움과 무한한 아름다움으로 그 이름을 남긴 여성이다. 마르티닉섬의 토로와 지레에서 태어난 프랑스 상인의 딸 마리 죠세프 타슈르 드 라 빠제리는 운명의 바람에 조정되어 나폴레옹과 열애 끝에 결혼하여 황비의 자리에 오르게 된다. 나폴레옹이 이 매력적인 미망인과 결혼한 나이는 26세, 조세핀의 나이 34세였다.

나폴레옹은 이탈리아와 이집트에서 정열적인 사랑의 편지를 끊이지 않고 조세핀에게 보낸다. 그 편지 속에는 싸우는 힘이 오직 조세핀을 위하여, 그녀의 영광을 위하여라고 적혀있다. 이렇게 조세핀은 한 남자의 인생을 바꾸고, 세계사를 다시 쓰게 한다. 하지만 조세핀은 나폴레옹의 계속되는 승리의 영광을 사랑할 뿐, 진정으로 그를 사랑하지는 않았다.

조세핀은 용모와 행동이 세련된 파리의 사람들만을 즐거움의 대상으로 하여, 파리의 살롱 분위기 외에는 흥미를 갖지 않았다. 아이스크림을 좋아한 죠세핀은 이혼 후, 1814년 5월 나폴레옹이 엘바섬에 유배된 직후 51세의 나이로 세상을 뜬다. 그리고 6년 후, 세인트 헤레나 섬에서 파란만장한 생애를 마친 나폴레옹 최후의 말은 "조세핀"이었다고 한다.

마리 앙뜨와네뜨(Marie Antoinette, 1755~1793)

마리 앙뜨와네뜨의 화려한 생애의 드라마는, 당시 유럽에서 최대의 세력을 가진 오스트리아의 합스부르크 왕가와 프랑스의 부루봉 왕가의 정략결혼의 호화로운 행렬에서 시작된다.

오스트리아 빈에서 파리까지 수백필의 호위기마병과 하인들의 행진에 맞춰 훌륭한 의상에 감싸인 그녀는 젊고 아름다운 15세의 마리 앙뜨와네뜨였다. 길가에 늘어선 군중에게 축복과 환영을 받던 해로부터 23년 후, 그녀는 루이 가베라는 이름의 오스트리아 여인이라는 야유를 들으며 혁명광장(콩코르광장)의 단두대를 향하게 된다.

마리 앙뜨네와뜨는 1755년 2월 2일 오스트리아황제 프란츠 1세와 황비 마리아 테레지아의 사이에서 태어나, 위대한 여제 마리아 테레지아로부터 프랑스풍의 교육을 받게 된다.

그녀가 몸에 지니는 패션, 머리모양은 곧 유행하고 화제를 불러일으켰다. 세계에서 가장 신뢰를 받는 미식사전인 프랑스의 라르 드 가스트로노믹에 의하면 쿠쿠로브라고 불리는 과자도 그녀가 유행시킨 것으로 기록되어 있다. 이러한 사실만 보아도 당시 그녀의 영향력이 어느 정도였는지 짐작할 수 있다. 하지만 국왕 루이 16세는 개방적이고 경솔한 왕비의 사치를 막지 못하고, 결국 국고에 커다란 빈곤을 가져오게 되어, 혁명의 단초를 제공하게 된다.

이집트 대사관의 공식만찬

Official Dinner of the Egypt Embassy at Seoul

황금색의 메인접시는 그 옛날 융성했던 파라오의 왕국 이집트를 연상하게 한다.
나일강 유역의 황금빛 저녁노을 너머 내프킨의 뾰족한 모양은 피라미드를 닮아 보인다.

The golden main dish reminds us of Pharaoh's ancient, prosperous nation Egypt.
Beyond the golden sunset of the basin of the Nile,
the napkin's pointy shape is similar to that of the pyramids.

런치타임의 좌석배치 Lunch time seat arrangement

인원수에 맞추어 50인분의 라운드 테이블 5개를 준비하고, 각각의 테이블에는 각기 다른 색의 테이블 클로스를 씌우고 그 색에 어울리는 꽃을 꽂아 다양하고 활달한 느낌의 테이블을 연출하였다.

According to the number of people, prepare 5 round tables that seats 50 people. For each table, spread table cloths of different colors and display flowers that match the colors that produce variety and liberality.

■ 오늘의 손님맞이 요리 Today's guest-greeting cookery

간략하게 준비된 색다른 분위기의 런치타임이 이집트풍의 뷔페로 준비되었다.
Simple and unusual atmosphere of lunch time is prepared as an Egyptian-style buffet.

모로코 대사관의 공식만찬

Official Dinner of the Moroco Embassy at Seoul

한 나라를 대표하는 만찬은 그 나라의 문화를 상징하는 것!
먼 나라 모로코의 테이블은 아기자기한 소품과 대사 부인의 그림솜씨가 더해져 식사전의 화제가 풍성하기만 하

The dinner which represents one country must symbolize the culture of that country!
The table of distant country Morocco and the painting of the ambassador's wife provided an abundant topic of conversation before the meal.

모로코의 감각적인 테이블 Sensible table of Morocco

헝가리 대사관의 공식만찬

Official Dinner of the Hungary Embassy at Seoul

북유럽에 위치한 헝가리는 봄을 기다렸다가 늦게 피는 꽃이
자연을 뒤덮고 있는 아름다운 고장이다.
손님 초대하는 날도 집안에 꽃밭이 피듯
화사한 꽃 접시가 하나가득 진열되어 손님을 맞이하고 있다.

Hungary, which is located in the northern Europe,
awaits a spring and the flower
which blooms late is covering the nature and it is a beautiful locality.
On a day when guests are supposed to come, a plate full of flowers is
displayed to greet the guests.

■ 헤렌드(Herend)

헝가리 헤렌스요(窯)에서 생산되는 매혹적이며 선명한 작품인 헤렌드는 유럽 각지의 왕실 귀족들이 앞다투어 구입하는 식기이다. 특히 1851년 만국박람회에서 빅토리아 여왕의 선택을 받아 전세계 애호가들의 사랑을 받았다.

Herend, which is produced in Herens, Hungary is a fascinating tableware and the nobility quarrel over who's going to purchase it. It was chosen by Queen Victoria on 1851 in an exhibit and became more popular since.

헝가리 음식은 파프리카와 소금을 많이 사용하며, 우리의 육개장과 맛과 형태가 비슷한 구이야시(굴라쉬, Gulyas) 수프, 송어요리, 거위간을 사용한 요리, 파프리카 치킨 등이 유명하다.

Hungarian dishes use a lot of paprika and salt. Some of the well-known hungarian dishes include gulyas soup, which tastes and looks similar to Korean Yookgyejang, trout dish, goose liver dish and paprika chicken.

대사관저 응접실에 위치한 현대적인 감각의 그림과 동양풍의 도자기세트가 잘 어울어져 손님을 맞이하고 있다.

The contemporary style of pictures and oriental pottery placed in the reception room of embassy's home blends well.

정월에 오신 손님

New Year Guest

고운 빛깔을 자랑하는 청자를 중심으로 식탁을 연출하였고,
운치를 더하는 은으로 된 구절판을 올려놓아 소중한 마음을 담아보았다.

The table was presented by a Porcelain showing off gorgeous color
and the elegant nine-sectioned, silver dish presents a valuable mind.

■ 2004년 「테이블웨어 페스티발」 초대작가 작품전시(일본 도쿄돔에서)

International 「Tableware Festival」 2004(Tokyo Dome, Japan)

화사하고 온치있는 수가 놓여진 병풍을 배경으로 하여
식탁분위기가 한층 더 밝아지게 되었다.
Backdropped by the gorgeous, graceful embroidered screen,
the tables feel much more delightful.

■ 다까다노미아 비 전하(高円宮妃久子殿下)와 함께

With the Honorable Takatanomia Hi Denka

신선로(神仙爐)가 있는 풍경

Scene with Shinsunro

궁중음식을 대표하는 냄비요리인 신선로를 중심으로 상차림을 준비하였다.
건강을 상징하는 오방색인 빨강, 파랑, 노랑, 하양, 검정색을 다 갖춘 음식으로,
오방색을 중심으로 하는 한국요리의 식문화는 5가지의 기본색을 갖춘 음식을 먹음으로써
건강한 삶이 이루어질 수 있다고 믿어왔다.
여기에 하야디 하얀 빛깔을 자랑하는 백자를 곁들였고
식탁보는 은기와 백자가 돋보이도록 남색으로 준비하였다.
그리고 한국을 상징하는 국화인 무궁화를 수놓아 은은함과 화사함이 어우어지도록 식탁분위기를 꾸며 보았다.

The table is prepared for Shinsunro, the best-known royal court pot dish in Korea.
There are all five colors representing health--red, blue, yellow, white and black.
Koreans have believed that the diet complete with all five basic colors
would provide a healthful life.
Complemented to these dishes are the snow white porcelain and the indigo blue tablecloth,
which allows the silverware and white porcelain to stand out.
Plus, the national flower, the rose of Sharon,
is embroidered to create the harmony of delicacy and charm.

■ 2005년 「테이블웨어 페스티발」 초대작가 작품전시(일본 도쿄돔에서)
International 「Tableware Festival」 2005(Tokyo Dome, Japan)

구절판 식탁

Table with Gujeolpan(nine sectioned dish)

귀한 손님이 오셨을 때 은기에 담긴 9가지 반찬.
자리에 앉자마자 손님은 얼마나 귀한 대접을 받고 있는지에 대하여 설레이게 된다.
밀전병에 서너가지 반찬을 싸서 먹는 기쁨은 그대로 감동이 되어 가슴 또한 벅차게 한다.

9 types of side dish is prepared for an important guest.
As soon as the guest is seated, he/she feels how well he is treated.
The joy of wrapping a few types of side dish in a grilled wheat cake creates excitement.

외국 손님을 모시고

Invitation Dinner for Foreigners

남색 바탕의 무궁화꽃은 한국을 상징하는 그림이 되었고 여기에 잘 어울리도록 네프킨에도 무궁화꽃을 수 놓았다.
정중한 대접은 식탁에서부터 시작된다.

Sharon flower with a dark blue background color symbolizes Korea and sharon flowers are placed on napkins to match well.
A courteous reception starts in a table.

외국손님을 모신 식단
The menu which serves the foreigner

오이선	Sauted Cucumber
대추죽	Jujube soup
전유어	Oil-fried fish
잡채	Japchae(noodles)
불고기	Bulgogi
나물	Vegetables
밥	Rice
국	Consomme
후식	Dessert
차	Tea

서양식 아침식사

Western Breakfast

빵과 주스, 카페오레, 달걀 등 가벼운 요리가 골고루 마련된 간결한 식탁.
노란색의 오렌스 주스는 행복과 장수를 가져온다고...

A simple table of light food such as bread, juice, cafeore, egg, etc.
The yellow orange juice brings happiness and a long life...

메뉴의 구성

● **아메리칸식(American Style)**

주스(juice) - 씨리얼(Cereal) - 달걀과 햄 혹은 소시지(Eggs with Ham, Sausage, Bacon) - 빵(Toast Bread) - 음료(Beverage)

● **컨티넨탈식(continental Style)**

주스(Juice) - 빵(Toast Bread) - 음료(Beverage)

● **비엔나식(Vienna Style)**

롤빵 혹은 페스츄리(Sweet Roll or Danish pastry) - 달걀(Soft Boiled egg) - 음료(Coffee or Milk)

● **잉글리쉬식(English Style)**

주스(Juice) - 씨리얼(Cereal) - 생선(fish) - 달걀(Egg) - 빵(Toast Bread) 음료(Beverage)

메뉴의 종류

● **주스류**

후레쉬 주스 : 오렌지, 딸기 토마토 , 사과, 자몽, 키위, 파인애플, 메론
캔주스 : 캔 제품으로 가공한 주스

● **씨리얼류**

더운 씨리얼 : 오트밀(Oat meal)
찬 씨리얼 : 콘프레이크(Corn Flake), 라이스 크리스프(Rice Crisp),
슈레드 위트(Shreded Wheat), 레이즌 부란(Raisin Bran)

● **달걀류**

후라이드 에그, 써니싸이드업, 스크램블 에그, 보일드 에그, 포치드 에그, 오믈렛

● **커피**

에스프레소, 카푸치노, 밀크커피, 러시안커피, 모카커피, 아이스커피, 비엔나커피, 쉬폰커피, 아이리쉬 커피, 프렌치 커피, 터키커피, 커피로얄

오후의 정찬

Meal ot Noon

젊은이들 모임에서의 화려한 식탁.

반듯한 모임에서는 의상도 정장을 갖추도록 하여, 식사예절을 지켜나가는 식사숙녀의 길을 닦는 것이 좋겠다.

It is a good idea to encourage formal dressing to become ladies and gentlemen.

꽃을 2단으로 높게 장식하여 꽃동산에서 식사하는 분위기를 연출하였다.
It is decorated with 2 levels of flower to create the mood of eating in a garden.

■ 오후의 정찬 식단
Menu of Meal at noon

호박수프	Pumpkin soup
샐러드	Salad
햄버거스테이크	Hamburger steak
케익	Cake
차	Tea

호텔에서의 오후정찬 I

Afternoon meal at a hotel

격식 있는 호텔에서의 단정한 테이블세팅이다.
소품 하나하나에도 깊은 안목을 느낄 수 있는 단아한 분위기를 엿볼 수 있다.

It is a hotel table setting with formality.
You can view elegance in each pastel.

음식의 온도를 유지하고
독특한 향을 보존하기 위하여
접시 위에 놓여져 있는 음식커버가
분위기를 한층 더 돋보이게 한다.

A plate cover used for keeping
the food temperature and preserving
the smell enhances the mood.

호텔에서의 오후정찬 II

Afternoon meal at the Hotel Silla

조금은 중후한 느낌이 드는 인테리어와 잘 어울리도록,
흰색의 테이블 린넨으로 정갈하게 세팅된 레스토랑에서
여유로운 마음으로 오후의 정찬을 즐긴다.

Enjoy a relaxing afternoon supper in a restaurant
neatly set with white table linen
that blends well with a little solemn interior.

오후의 티타임

Tea Time at Noon

오후 3~4 시. 가까운 친구들을 초대하여 즐거운 티타임 테이블을 마련하였다.
따뜻한 차와 함께 일상의 대화를 나누는 즐거움이 마련된다면
삶의 여유를 느끼는 즐거움으로 오늘 또한 행복을 맛본다.

In the afternoon 3~4 o'clock, I invited a few intimate friends.
I can feel happiness and fruit of life as we talk about everyday life with hot tea.

■ 프랑스의 티 세트

Tea Set of France

테이블 클로스도 찻잔과 같은 하트 무늬로 세팅하였고, 로맨틱한 테이블에서는 아름다운 이야기가 끊이지 않는다.
싫증나지 않는 하트 무늬는 티타임을 화사하고 정감넘치는 분위기로 이끌어준다.

A beautiful conversation does not cease with a heart-shape table cloth covering. The heart pattern does not bore the tea time but leads it to a warm and luxurious mood.

■ Tea Table

분위기 있는 티테이블의 찻잔에 담겨있는 차 한잔은 사람들의 가슴을 오래도록 따스하게 한다.
A cup of tea on a tea table with a calm atmosphere warms the hearts of people for a long time.

■ 독일 마이센 찻잔과 함께
With the teacup of Meisen, Germany

도자기의 역사를 창조한 독일 마이센의 아름다움은 역사의 깊이와 발자취에 순간 빠져들게 한다.
The beauty of Meisen, Germany which created the history of pottery causes us to feel the depth of history.

애프터눈 티

English Afternoon Tea

영국은 오후 중간에 afternoon tea를 정성껏 차려서 친구를 초대한다.
우리가 꼭 식사를 준비하여 초대하는데 반해,
오후의 시간을 부담없이 즐겁게 보내면서 우정이 다져지는 afternoon tea party는 즐겁기만 하다.

People of England invites their friends to an afternoon tea party in the middle of an afternoon.
The afternnon tea party is merry unlike the burdensome meal that we are accustomed to.

봄이 오는 소리

The Sound of Spring Coming

그린색에 금테가 둘러진 고급스러운 식기로, 너무 튀어나지 않게 차분한 감각으로 마련하였다.
식기와 내프킨은 무난하게, 식탁화는 노란 꽃으로 다소곳한 모습이다.

A luxurious green tableware with a gold frame, it is prepared with serenity.
The tablewares and napkins are placed calmly, and the humble table flower is yellow.

봄철의 비빔밥상

Bibimbap Table in Spring

비빔밥 위에 모든 반찬이 올려져 있으므로 요란스럽지 않은 소담한 꽃을 풍성하고 넉넉하게 심었다.

The table is decorated not boisterously but abundantly with flowers.

가벼운 여름 점심상

Lunch in Summer

여름의 시원함을 더욱 느껴보도록 하기 위하여
흰색의 엷은 레이스인 러너(Lunner)를
중심에 깔아 보았다.
싱그런 과일과 함께 가벼운 점심상이 되었다.

In order to feel the coolness of summer,
a white, thin lace is placed in the center.
It became a light lunch table with fresh fruit.

여름날의 손님 초대

An invitation on a summer day

센터피스로는 풍성한 느낌의 싱그런 과일을 볼륨감 있게 담아 장식하였다.
유난히 남색이 돋보이는 작은 글라스가 시원함의 포인트를 주게 된다.

For the centerpiece, fresh fruit of abundance was used for decoration.
A small glass showing indigo prominently gives a cool feel.

시원한 여름

Cool summer

간소한 식탁에 작은 촛불을 켜 보았다.
입가에 잔잔한 웃음이 머물게 된다.

A small candle was lighted on a simple table.
It causes us to picture a princess with a smooth smile.

여름날의 냉면상

Naengmyun(cold noodle) Table in Summer

서양식 깊이 있는 스프접시에 냉면을 담고,
국수 위에는 색색의 고명과 넉넉한 육수를 얹으면서 식사해보자.
새로운 환경이 냉면 맛을 더욱 시원하게 한다.

After putting noodle in a Western-style soup bowl,
decorating seasoning and beef-soup is poured upon the noodle.
The new environment creates a cooler taste.

한여름밤의 꿈

A Middle Summer Night's dream

시원하게, 너무 복잡하지 않게,
현대적인 감각의 식탁을 마련하여 가끔은 분위기를 바꾸어본다.

We change the contemporary style of table to a refreshing and simple feeling.

제비꽃이 있는 식탁

Table with Violet

오늘의 식탁은 보라색으로 준비하였다.
이른 봄철, 푸른 잔디 속에서 머리숙여 다소곳이 피어나는 제비꽃이 가련하면서도 아기자기한 느낌을 준다.
나폴레옹의 부인 마리루이즈가 가장 좋아하는 접시로 지금도 프랑스에서 생산되고 있다.
모든 여성이 영원히 간직하고 싶어하는 그릇이다.

The dining table of today is prepared with violet.
When it reaches the spring season, a violet slightly bows its head in the grass.
It is cute and it gives the charming impression.
It is a favorite of the Napoleon's wife, Marie Louise, and is produced in France.
All women desire to keep it forever.

마리 루이즈(Marie Louise, 1791~1847)

나폴레옹 보나파트르는 광기라고도 볼 수 있는 광대한 구상력, 현실장악의 지적능력, 감수성 없는 행동력으로 혁명의 뒤를 이어 부르조아적 안정을 바라는 과도기적 사회를 이끌어 결국 황제의 자리에 오르게 된다.

하지만, 1810년 나폴레옹은 가장 사랑하는 황비 죠세핀이 아이를 갖지 못한다는 이유로 이혼하고, 당시 19세의 앳된 합스부루크왕가의 마리 루이즈와 결혼하게 된다.

나폴레옹은 귀족들과 같은 우아한 식생활 속에서 키워진 인물이 아니었고 일개 장군에서 시작하여 자력으로 황제의 지위를 얻은 것이므로, 일설에 의하면 미식 감각이 좋지 않아서 빨리 만들어지고, 먹어야 한다고 생각할 때 입에 들어가는 요리가 아니면 좋아하지 않았다고 한다.

또한 요리인의 교체가 빈번하고, 식탁의 서비스가 순조롭게 진행되지 못했다고 한다.

이런 황제와 행복한 결혼생활을 이어가지 못하던 마리 루이즈는 나폴레옹 2세를 낳았지만, 결국 나폴레옹의 실각에 따라 아들을 데리고 빈에 돌아오게 된다. 그곳에서 부친의 권유로 나이뻬르그 백작과 비밀결혼을 하여 세 명의 아이를 출산한다. 그리고 백작의 사후, 봄벨 백작과 결혼한다.

유럽의 많은 요리책에 마리 루이즈의 이름과 명과가 기록되어 있다. 그중 대부분은 화려한 연회를 장식하는데 잘 어울린다.

■ 제비꽃이 있는 식탁 식단

The dining table menu with violet

옥수수 스프	Corn soup
샐러드	Salad
양고기 구이	Mutton meat roasted with seasonings
과일	Fruit
차	Tea

식탁위로 들어온 노랑

The Yellow that came into the table

편안하고 부담 없는 색상인 노란색으로 식탁의 화사함을 꾸며보았다.
전체적인 분위기를 위하여 냅킨 위에 노란색 장식을 얹고 액센트를 주었다.

The table was decorated with a comfortable and not burdening color, yellow.

남색과 노랑의 대비

The contrast of yellow and indigo

남색 바탕의 노란색 꽃이 잘 어울린다.
우리나라의 대표적인 색, 남치마와 노랑저고리를 연상시킨다.
점잖은 어르신을 모실 때에 공경의 의미로도 훌륭하다.

Indigo backgrounds and yellow flowers match well.
This reminds us of the representative color of our country, indigo dress and yellow Korean jacket.
It is fine for showing respect when attending an dignified elderly person.

색채와 맛 Color and taste

색채는 식욕과 관계되는 맛과 긴밀한 관계를 갖는다. 음식의 색은 거의 즉각적으로 식욕을 자극하여 식욕이 증진되기도, 감퇴되기도 한다.
스텍트럼에 의해 분리된 기본색들의 식욕과의 상관관계를 살펴보면 적색, 황색, 녹청색 등이 식욕을 돋워주는 색이고, 반대로 황록, 자색은 식욕을 감퇴시키는 색이다. 또한 너무 밝은 명도의 색은 식욕을 일으키지 않는다. 프랑스 색채 연구가인 모리스 데리베레는 맛을 대표하는 색채에 대한 설문조사 결과를 다음과 같이 정리하였다.
The color is closely related with taste which is related with appetite.
The color of food almost instantly increases the appetite or decreases it.
When we examine the color divided by the spectrum, red, orange, green color increases the appetite. On the other hand, yellowish green or purple decreases appetite. Bright colors do not increase appetite. A color researcher of France named Maurice Deribere analyzed his research of color related to taste like the following.

- 단맛 Sweet taste: red, pink
- 짠맛 Salty taste: blue-green, grey, white
- 신맛 Sour taste: yellow, yellow-green
- 쓴맛 Bitter taste: brown-maroon, olive green

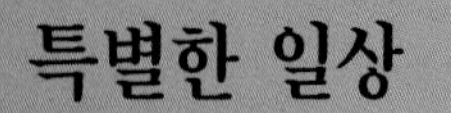

특별한 일상

ecial of the Ordinary

나지막한 식탁에 높이 솟은 은촛대가 평화스러운 분위기를 연출한다.

The tall, silver candle stand on the low table produces a peaceful atmosphere.

어버이날

Parents Day

깔끔하게 정돈된 어버이날 테이블은 보라색의 붓꽃과 은쟁반으로
부모님께 대한 감사함을 표시하고 있다.
봄날의 어버이날, 기품있어 보이는 붓꽃에서는 숙연함이 느껴지고,
보라색 꽃 속에 살짝 숨어 있는 듯한 감사와 사랑의 모습이 오늘의 식탁을 축복해 주고 있다.

Neatly organized on Parents' Day, a table is decorated with a purple iris and a silver plate to show gratitude toward parents.
On Parents' Day, solemnity can be felt from the iris, and it is blessing the table with gratitude and love.

어버이날 식단
Parents' Day Menu

연어말이	Salmon roll
잣죽	Pine nut soup
패주산적	Clam flat meat shish kebob
갈비찜	Steamed ribs
나물	Vegetables
북어조림	Boiled dried pollack
김치	Kimchi
밥	Rice
국	Soup
후식	Dessert
차	Tea

오늘의 모임은 꽃장식을 강조하였다. 테이블에 앉자마자 시원스런 분위기로 모두의 얼굴에 미소가 어린다.
상에서 노니는 백조가 오늘의 축복을 자랑하는 듯 어른들을 모시는 식탁에서 격조높은 테이블로 완성되었다.

The meeting of today emphasized a flower decoration. There is a smile on everyone's face as they sit down.
The table serving the adults is completed with a swan showing off its beauty.

동창회 모임

Alumni Meeting

흰색의 레이스 매트를 이용하여 우아하고 엘레강스한 분위기를 연출하였다.

The White-laced mat presents a splendid and elegant mood.

어린이 생일상

Kid's Birthday

꼬마 친구들이 모여와서 해피 버스데이를 부르며 마음껏 생일을 축하해준다.
붉은색의 넓은 리본으로 활기차고 밝은 생일상을 강조하였다.
분위기 즐겁고, 음식도 즐겁고...

Friends gather to sing "Happy Birthday" and celebrate the kid's birthday.
The red and thick ribbon emphasizes a lively and bright birthday table.
Atmosphere and the food are joyful...

햇살속으로

Sunshine - full Table

몹시 무더운 여름날!
정원의 그늘 밑에 간단한 식탁을 차려서 더위를 식힐 수 있다.

Very hot summer day!
We came escape from the heat by preparing a table under the garden shade.

■ 여름날의 유혹

Temptation of summer day

여름날의 유혹은 역시 푸른 잔디밭에 서늘하게 지내는 분위기가 환상이다.
식사는 분위기를 마신다고나 할까?

Spending fantastic time on a green field is the temptation of a summer day.
Should I say that eating drinks the mood?

내 안의 와인

Wine Lover

많지 않은 손님을 초대할 때도 간소하게 차려진 뷔페는 더욱 다정스럽게 보인다.
와인과 요리로 색감조절을 센스있게 해보자.

When inviting a small number of guests, a simple buffet seems more friendly.
Let's adjust the color sensibly with wine and food.

환갑잔치상

60th Birthday

만 60세 탄생을 축하하는 뜻으로 자손들이 차리는 환갑잔치상.
계절의 과일과 설탕과자, 밤, 대추, 잣, 호두, 은행 등을
30cm 이상의 높이로 쌓아올려 고임상 또는 고배상(高排床)이라고 한다.

The 60th birthday table celebrated and prepared by the sons and daughters Called Goimsang or Gobaesang, seasonal fruits, sugared confectionery, chestnuts, dates, pine nuts, walnuts and ginko nuts are piled over a foot high.

반상(飯床)

Korean traditional table

옛 풍속에 따라 각 가정의 웃어른께 드리는
진지상을 말하는 것으로
보통 3첩, 5첩, 7첩을 사용하고
대가(大家)나 궁중에서는 9첩 또는 12첩을 사용하였다.
첩이란 뚜껑 있는 그릇을 말하는 것으로
국과 김치를 제외한 반찬 수를 센다.

The meal served to an elder in the family in accordance with the customs. A common set was either 3 chups, 5 chups or 7 chups, while rich families or the royals used 9 chups or 12 chups. A chup is a bowl with a lid, excluding the soup and kimchee.

중국식 상차림

Chinese Table Setting

중국요리의 식탁은 원형이 보편적이며 식탁배열은 4명, 6명, 8명 등 짝수로 차린다.
중심에 큰 접시가 놓이면 각자 앞에 놓인 개인 접시에 나누어 먹는다.
요리는 차가운 요리, 뜨거운 요리 순이며 마지막에 点心(덴싱)이라는 후식으로 끝내는 것이 보통이다.

A round table is common for Chinese dining, which is prepared
for an even number (4, 6 or 8) of diners.
The large dish on the center of the table is shared
on the individual plate in front of each diner.
Dishes are served from cold dishes to hot dishes, completed with dim-sum.

다반사(茶飯事)

Tea Life

차와 가벼운 식사를 하는 공간에서도 가끔은 이국적인 정취를 느껴보고 싶다.
여행지에서 혹은 우연히 눈에 띄어 구입해 갖고있던 소품들을 올려놓음으로써
중국의 이야기가 전해지는 에스닉 풍의 분위기가 연출되었다.

We often want a feel of a foreign country in a space of tea and a light meal.
By placing the souvenirs from a tourist attraction
or items purchased by chance a foreign mood with a Chinese story.

깊은 산 속 옹달샘

A small fountain in a deep in the mountain

갈색 톤의 테이블클로스와 식기를 준비한 후 테이블 위에 이끼를 얹어 자연의 소리가 들리도록 연출하였다.
가끔은 도시를 떠나 자연의 소리가 그리워 질 때, 차 한잔을 나누고 싶을 때
옹달샘의 맑은 물에서 새로운 에너지를 얻게 된다.

After preparing a table cloth of brown tone and tablewares,
moss was scattered on top so that the sound of nature was produced.

모던 스타일

Modern Style

흑과 백의 대비를 이용한 식기를 선택하고,
이러한 식기들과 어울리도록 하얀색의 테이블 클로스를 깔아보았다.
여기에 단조로움을 피하기 위하여
검은색 컵에 붉은 장미를 편안하게 꽂아 조금은 화사한 분위기가 만들어졌다.

Tablewares using the contrast of black
and white was chosen and to match these,
a white table cloth covers the table.

파스텔 빛 아침

Pastel Tone Breakfast

화사한 봄날 창가에서 쏟아지는 하얀 햇살을 듬뿍 담은 건강한 아침식탁을 준비해보았다.
시폰의 하얀색 테이블클로스를 조금은 자유스러운 주름으로 연출하여 경직되고 긴장된 일상에서의
느낌에서 부드러움으로 시작되는 아침을 느껴보고자 한다.

On a splendid spring day, a breakfast containing the white sunshine was prepared.
We want to relax from the tensions and stiffness of normal life
from Syphon's white table cloth presented with natural wrinkles

찻잔이 있는 풍경

Beautiful Scene with Tea set

아스라히 청초한 코발트 블루가 돋보이는 하야디 하얀 찻잔과 해맑은 은기 찻잔이 놓여있는 배경은 식탁의 분위기를 한층 더 중후하게 느끼도록 한다.

A white tea cup with a hint of cobalt and a pure silver tea cup enhances the gravity of the table.

메리 크리스마스

Merry Christmas

넉넉한 요리도 좋지만 촛불이 아련하게 춤추는 식탁에서
온 가족이 둘러앉아 즐거운 이야기를 나누는 이 시간이야 말로 일년에 한 번 기다려지는 시간이다.

Sufficient food is good but what we really await is the time
when the whole family sits down around a vague candlelight telling stories at a table.

크리스마스 상차림

Dinner for Jesus Christ

예수님의 큰 사랑으로 인류 모두의 마음속에 평화가 깃들여지는 세계인의 축제일이다.
예수님이 십자가에서 흘린 피를 상징하는 붉은색과 겨울을 이겨낸 생명,
혹은 그리스도를 통한 영원한 삶을 나타내는 초록을 이용한 식기와 소품들의 조화로 축하의 분위기를 한껏 고조시켰다
인류의 평화를 기원하는 마음을 담아서!

This is the celebration day when all humanity feel the peace of Jesus's great love.
Red color represents the blood of Jesus which he spilled on the cross or the life that overcame winter
or harmony of green tablewares and utensils representing
eternal life through Christ enhanced the celebration mood.
With a heart that supplicates the peace of mankind!

카트린느 드 메디치(Catherine de Medicis, 1519~1589)

15세기부터 16세기에 걸쳐 이태리는 피렌체를 중심으로 르네상스문화를 꽃피우게 되었다. 이 피렌체의 풍요로움 속에서 맛있는 음식과 과자가 프랑스에 전달되고, 이어서 프랑스는 미식의 나라로 세계에 이름을 떨치게 되었다. 그 중요한 역할을 하게 된 것이 14세의 소녀 카트린느 드 메디치이다. 중세의 역사의 무대에서 이처럼 큰 역할과 파란을 겪은 여성은 없다. 카트린느는 프랑스의 앙리 2세와 결혼하게 되고, 이때 이태리로부터 많은 조리사가 가게 된 것은 유명한 일이다. 프랑스 요리의 최고급 재료, 트리플(송로버섯), 아티쵸크, 소스를 중요하게 여기는 요리들이 이렇게하여 프랑스에 들어오게 된 것이다. 그 중에서도 빙과직인(氷菓職人)이 고안하여 결혼피로연에 제공한 아이스크림의 맛은 최고의 화제였다. 이때부터 프랑스의 디저트로서 샤베트(소르베)가 대표적인 것이 되었다.

카트린는 드 메디치는 피렌체의 대부호 메디치가(家)의 大로렌초의 오직 하나인 손녀로 태어났다. 일찍 부모를 여의고 공화국을 가지지 못한 공녀(公女)로 초라한 몸이 되었지만, 메디치가의 유일한 후손이므로 민중의 증오가 집중한 가운데 보호와 감시를 위한 방법으로 소녀시대를 수도원에서 보내게 된다.

자신의 감정을 드러내지 않고 주변사람들의 신뢰와 호의를 받는 방법을 터득한 어린 카트린느는 후에 프랑스 궁정에서의 바람기 있는 남편에게 충실한 부인으로서의 역할을 하는데 큰 힘이 된다.

은으로 만든 나이프와 포크를 사용하는 우아한 매너를 심기위해, 남성만 참석하는 연회에 부인이 참석하도록 하였고, 카트린느비가 주최하는 연회에는 은식기와 아름다운 채색의 접시에 잘 차려진 먹기 좋고 감미로운 맛을 가진 요리와 과자가 놓여지고, 그것은 바로 지상의 낙원이 되었다. 화려하고 아름다운 신사숙녀들이 그곳에서 매너를 배우는 일을 즐기는 광경은 밤하늘의 별처럼 반짝이는 광채와 같다는 기록이 있다.

카르린느는 70세를 일기로 1589년 폐렴으로 세상을 떠나게 된다.

엘리자베스 1세(Elizabeth I, 1533~1603)

여왕의 나라라는 영국에서 번영의 시대를 연, 르네상스적 군주 엘리자베스 1세는 고전에 능통하고 외국어를 잘하고 문예에 박식하고, 음악을 사랑한 여왕이다. 그 시대 철학자로 프란시스 베이컨, 문학자와 시인으로 펜사와 시드니가 등장하고, 그 유명한 셰익스피어도 이 시대에 활약하였다. 셰익스피어 극을 보면 거기에 등장하는 왕궁의 생활모습이나 여왕의 왕궁생활이 그려져 있다.

여왕의 시대는 해외적 발전을 가져온 시대로, 러시아, 아프리카의 서해안, 동지중해까지 영향을 끼치게 된다.

엘리자베스 여왕은 정치도 대신들에게 맡기지 않고, 관전, 강화, 외교, 대교외정책에 이르기까지 직접 관여하였다. 특히 스페인의 페리 2세 등의 구혼을 거절하여 "여왕은 국가와 결혼하였다." 고 하고 평생 독신으로 지낸 것은 유명하다. 헨리 8세와 안느 부린의 사이에서 태어나 왕위상속권 문제로 여러 가지 파란만장한 일들을 겪었고, 한때 런던탑에 투옥되기도 하였다. 하지만 이런 모든 곤경을 이겨내고 영국의 번영의 시대를 열고, 건축 장식에서도 고딕양식, 르네상스 양식을 혼합한 엘리자베스 양식을 탄생시키고, 영국에 격조 높은 문화를 만들게 하였다. 이렇게 정치뿐만 아니라 예술, 문화의 모든 분야에 힘을 쏟은 여왕은 1603년 오직 혼자, 후손 없이 그 생애를 마감하였다.

마리아 테레지아(Maria Thersia, 1717~1780)

유럽의 역사는 합스부르크가의 역사라고 해도 과언이 아닐 정도로 합스부르크가의 영향력과 존재는 매우 큰 위치를 차지하고 있다. 13세기말부터 20세기 초까지 계속된 이 왕조의 역사를 장식한 인물 중의 한 명이 마리아 테레지아이다.

마리아 테레지아는 신성로마제국 황제 칼6세의 딸로 태어나 토스카나 대공인 프란츄테판과 결혼하여 1740년 아버지의 사망으로 합스부르크가 영토를 계승하게 된다. 하지만 여기서 그치지 않고 오스트리아 왕위 계승 전쟁을 일으켜 남편 프란츠 황제로부터 정치적 실권을 장악하여 여제가 된다.

"어떠한 문제도 나 자신을 위한 것이 아니고 그저 국민을 위한 것이다"라며 "나의 양심이 필요하면 아이들에 대한 애정보다 국가에의 사랑을 우선한다"라는 말을 남긴 마리아 테레지아는 프랑스 루이 16세의 왕비인 마리 앙뜨와네뜨의 어머니로도 유명하다.

그녀는 미래에 대한 가능성의 한계를 정확히 보고 실행하는 감각을 지녔고, 수세기에 걸친 전통과 권위를 유지하기 위하여 대개혁을 강행한 혁명가였으며, 엄격하고 비범한 여제로 그 일생은 국민들로부터 많은 사랑을 받아왔다.

중세 유럽의 화려한 예술 · 문화를 상징하는 빈 교외에 있는 합스부르크가의 여름 궁전 쉔부룬의 방에는 16명의 어린이들이 그려져 있는 그림이 인상적이다.

화려한 색채인 노랑과 검정, 붉은 색을 좋아하고 예술, 문화에도 정열적인 힘을 쏟았다. 음악을 사랑하였고 어린 모차르트가 마리아 테레지아의 앞에서 연주하여 여제의 무릎에 안긴 이야기는 유명하다.

쉔부룬궁전

예카테리나 여제(Ekaterina II Alekseevna, 1729~1796)

이름도 없는 가난한 귀족의 딸로 태어나 대국 러시아에 시집와 결국 여제가 되고, 얼마 안 있어 계몽전제군주가 되어 한 시대를 풍미한 에카테리나 여제는 철저한 계획속에서 살았고, 통큰 성격으로 기억되는 인물이다.

남편 뾰도르 3세에게 쫓겨나 뻬떼르부르크의 여관에 숨어 지내던 중, 시어머니인 엘리자베타의 죽음을 알리기 위해 온 중신이 그 단어를 말하기도 전에 사건의 전부를 알고 마차에 올라타, 결국 남편 뾰도르3세를 폐위하고 여제의 자리를 차지한 후 남편을 암살, 이렇게 에카테리나의 시대가 막을 올린다.

실제 애인과의 사이에서 태어난 아들은 어머니인 에카테리나가 자신에게 제위를 물려주지 않기 위해 암살을 꾸민다는 것을 알게되고, 에카테리나는 손자에게 제위계승의 꿈을 갖고 키운다. 하지만 손자는 결국 제위를 물려받는 것을 바라지 않고, 후계자가 결정되지 않는 채로 에카테리나는 1768년, 67세의 나이로 엘미타쥬의 호화찬란한 왕궁에서 사망한다. 세계에 이름을 떨친 수많은 미술품, 조각, 회화와 재물에 둘러쌓여 막을 내리게 된 것이다.

결국 아들이 제위를 이어받고, 사랑한 아버지의 묘를 옮겨 그 유해를 에카테리나와 나란히 매장하고 과거를 청산하다. 하지만 그 또한 다시 아들이 일으킨 쿠데타에 의하여 암살당한다.

Part II

Elements of Table

테이블의 기본요소

식탁의 5가지 기본요소

5 Elements of Table

식탁의 5가지 기본요소(element)는 테이블 세팅(table setting)에 필요한 도구이며 테이블 웨어(table ware)를 테이블 위에 세트하는 것을 말한다. 장식품을 포함하여 여러 가지 종류의 테이블 웨어가 있다. 그 중에서 식탁에 반드시 필요한 5가지가 있으며, 이것을 테이블 세팅의 기본요소(element)라 한다.

5가지 기본 요소에는 식기(dinner table ware, vaisselle), 커틀러리(cutlery, service de table), 글라스(glass, verre), 테이블 린넨(table linen and cloth, nappe et service), 센터피스(Centerpiece, fleurs pour la table)이다. 각각 필요한 모양과 크기, 숫자가 있다.

이것을 법칙에 맞도록 갖추면 어떠한 경우라도 안심하고 대접할 수 있다. 가정용의 기본 요소는 보통 3가지 종류부터 시작한다.

가정용 기본 엘리멘트

1. 식기 3종류 : 요리, 디저트, 케익
2. 커틀러리 : 각종 나이프(생선, 고기, 디저트), 포크(생선, 고기, 디저트), 스푼(수프, 홍차 & 커피, 디저트)
3. 글라스 3종류 : 물, 화이트와인, 레드와인

기본식기

① 콩소메 수프(consome soup) ② 수프(soup) ③ 빵(bread)
④ 장식(assiette de presentation) ⑤ 요리(main dish) ⑥ 디저트(dessert)
⑦ 샐러드(salad)

접대용 기본 엘리먼트

1. 식기접시 5종류

 쇠고기, 생선, 오드블, 디저트, 케익

2. 커틀러리

 나이프 5종류(소고기, 생선, 오드블, 치즈, 과일)

 포크 3~4종류(소고기, 생선, 디저트 또는 오드블, 케익)

 스푼 5종류(수프, 디저트, 셔벳, 홍차, 커피)

3. 글라스 4종류(화이트와인, 레드와인, 물, 샴페인)
4. 테이블 린넨(린넨, 클로스, 냅킨(식사용, 티타임용))
5. 센터피스(식탁화, 인형, 식기)

접대를 즐겁게 하는 엘리먼트

각각의 엘리먼트에 숫자를 늘리면 메뉴의 종류를 다양하게 할 수 있다. 그리고 특별한 요리, 디저트, 술 종류를 즐길 수 있다. 손님 초대시 식사중에는 설거지를 하지 않는 것이 좋으므로 엘리먼트의 숫자는 많은 것이 좋다.

Ⅰ. 식기(Dinner Table ware, vaisselle)

1. 접시(dish, assiette)

① 직경 25cm 인 디너 접시는 메인(main)요리를 담는다. 미트(meat)접시라고도 한다. 어패류요리도 이 접시를 사용한다. 레스토랑(Restaurant)이나 호텔(Hotel)에서는 디너 접시에 디저트 접시를 사용할 때도 있다. 넓은 스페이스를 이용하여 더욱 멋있게 담기 위하여서이다.

② 중형의 디저트 접시는 오드블용으로 쓴다. 또한 푸르츠 접시나 치즈용으로 쓰고 있다. 즉 넓은 사용범위로 쓰이고 있다.

③ 새로운 경향으로 장식접시는 필수품이 되었다. 직경 30cm, 28cm 2종류가 있으며, 그 밖에 대형의 접시도 있다.

2. 컵(cup, tasse)

수프 접시는 컵 스타일이 많아졌다. tea cup, coffee cup은 필요하다.

Cup

① cafe au lait cup ② tea cup ③ coffee cup ④demi tasse cup

위치접시(아시에드 드 프레젠테이션)

식탁에 세트(set)할 때 제일 먼저 세트하는 접시로 식탁을 비워두지 말고 화려하게 연출하는데 사용한다.

presentation plate, under plate

양식기의 선택방법과 구입방법

■ 현명하게 선택하여 구입한다

일류라고 하는 명품의 양식기는 고가이지만 품질만큼은 우수하다. 한번 구입하게 되면 평생의 물건으로써 오랫동안 사용하는 것이 무엇보다 매력이라고 할 수 있다.

그런데 막상 아름다운 도자기나 글라스를 구입하려고 하면 여러 가지로 망설여지게 되고 무엇을 선택해야 좋을지 잘 모를 수 있다.

자신의 마음에 들어서 식기를 구입하는 것은 물론이지만 선택방법을 잘못하게 되면 그 식기와 함께 하는 것이 어렵게 된다. 보았을 때의 아름다움에 끌려서 즉시 구입하는 것도 좋지만 집에 가지고 돌아와서 사용하게 되면 어쩐지 실망할 수도 있다. 그것은 자신의 집의 인테리어나 가지고 있는 식기 등을 생각하지 않고 사버렸기 때문일지도 모른다. 정말 좋은 식기를 구입했지만 찬장에서 자고 있지 않도록 후회하지 않는 구입방법을 알아두는 것이 좋다. 양식기는 요리를 담기 위한 것일 뿐만이 아니고 아름다운 장식으로 즐기기 위한 인테리어로서의 컬렉션으로 하는 경우도 있다. 자신이 어떠한 활용 방법으로 식기를 사용할 것인지를 잘 생각하도록 한다.

장식용으로서의 그릇인지 실용성을 갖추는 그릇인지의 목적에 따라 선택방법이 달라진다. 실패하지 않기 위한 양식기 선택방법의 포인트에 대하여 알아보도록 한다. 현명한 선택방법, 구입방법을 터득하여 양식기를 즐겁게 사용해 보도록 한다.

소서(saucer)
소스 담는 그릇과 국자

■ 먼저 컵과 소서로

도자기의 대부분은 시리즈로 나오기 때문에 컵과 소서를 먼저 구입하고 다음으로 여러 가지 용도에 맞추어 큰 접시부터 슈가 포트까지 준비한다. 처음으로 준비한다면 디너접시, 샐러드접시, 수프그릇, 티컵 그리고 소서가 편리하지만 반드시 이렇게 해야 하는 것은 아니다.

갑자기 셋트를 구입하는 것보다 먼저 컵과 소서를 구입하고 사용해본 다음에 여유있게 다른 아이템을 구입하여 장만하는 것이 좋다.

이때에 주의할 것은 오픈 스토크인지 아닌지를 확인해야 한다. 이제 다른 아이템을 사려고 생각했을 때 상품이 없어졌다면 실망이 대단하다. 하지만 일류 메이커의 대부분의 상품은 오랫동안 동일한 물건을 만들고 있다. 그러므로 추가로 구입하고자 할 때에는 같은 물건을 사는 것이 가능한지에 관해서도 확인해 두도록 한다.

■ 충동구매하지 말고 충분히 생각한다

양식기를 구입해야 될 경우에는 여러 가게를 다녀보고 살펴본 후 천천히 구입하는 것이 좋다. 어떠한 브랜드에서도 고가인 일류 상품을 만들고 있으므로 어떠한 가게에서 구입하여도 품질은 크게 다르지 않다. 결국 많은 종류의 식기가 나와 있으므로 여러 가게를 보고 구입하는 것이 좋다. 브랜드에는 나름대로의 특징이 있기 때문에 양식기에 관한 최소한의 지식을 머리에 넣어 두는 것도 좋은 방법이다.

자신이 어떠한 방법으로 식기를 활용할 것인지의 목적에 따라 컬러와 문양, 크기 등을 체크하는 것이 식기 선택의 포인트이다.

오랫동안 사용할 것이라면 반드시 손으로 들어보아 무게나 크기 등의 섬세한 것까지 체크하여 실용성까지 확인해 보도록 한다.

상점의 점원과 상담을 해 보면서 정보를 얻는 것도 좋은 방법이다.

직수입의 바겐세일이나 외국제품을 구입할 경우에도 특별히 신경을 쓰도록 한다. 컬러가 희미하거나 무늬가 반듯하지 않는 경우도 있는데 한번 보아서는 눈에 잘 띄지 않는 부분이므로 세심한 곳까지 잘 살펴보도록 한다.

일류 브랜드에서 나온 롱 셀러의 상품은 오랫동안 사랑받은 것만으로도 보았을 때 좋은 물건이다. 사용하기 쉽고 싫증나지 않는 좋은 상품인 것은 확실하다. 비싸게 돈을 주고 구입하였지만 그 만큼의 메리트가 있는 것이다.

■ 해외에서 구입하는 경우

해외에서 양식기를 구입하는 경우에는 특별히 주의가 필요하다. 한국에 가지고 돌아오는 상품을 반품, 교환하는 것이 쉽지는 않다. 구입할 때에 파손이 되었는지 아닌지 구입한 상품이 다르지 않은지 등을 잘 살펴보도록 한다.

자신이 직접 들고 오는 경우에도 구입한 상품은 손으로 들어서 조심스럽게 다루도록 한다. 항공편이나 선박으로 운송되는 경우에는 보험을 들어두는 것이 좋다. 파손된 경우에는 일정 기간동안 상품의 보장을 받을 수 있다. 만일 별도의 상품이 도착했거나 상품이 파손되는 사고가 있어도 반드시 연락하여 대처하도록 한다. 그 때를 위하여서라도 주문서와 상품명세 등이 적혀 있는 전표는 반드시 체크하고 꼭 보존해두는 것이 중요하다.

■ 인테리어와 어울리는 물건

식기를 구입할 경우 테이블 세팅의 이미지를 여러 가지 떠 올리기도 하지만, 도자기를 구입하는 경우 가장 중요한 것은 인테리어와 어울리는 지가 한 가지의 기준이 된다. 컨추리풍이나 엘레강스 혹은 모던 등 집안의 인테리어는 어떤 스타일인지 생각하여 선택한다.

마음에 든 식기가 있다 하여도 찬장이나 그 밖의 가구와 어울리지 않으면 생각한 만큼의 연출이 되지 않는다. 식기도 인테리어의 한 부분으로서 종합적으로 생각해 둔다.

■ 여러 가지 종류의 접시는 같은 크기의 것으로

다음으로 수납장소를 생각한다. 도자기를 시리즈로 구입하고 싶을 경우에는 보관하는 장소가 커다란 포인트가 될 수 있다. 도자기를 구입하는 경우에는 인테리어와의 조화와 수납장소 등 세밀한 부분까지 머리에 넣고 구입하는 것이 중요하다.

접시나 컵, 소서는 시리즈로 구입하지 않아도 재미있다. 여러 가지 접시를 콜렉션으로 구입하고자 하는 경우에는 될 수 있는 대로 크기를 맞추어서 구입하는 것이 좋다. 사용하고 싶다고 생각될 때 꺼내기 쉽고 수납에도 편리하다. 무엇보다 사용하기 쉽고, 감상하기 좋은 수납방법을 생각하는 것도 양식기 선택의 일부분이 될 수 있다. 반드시 참고해 두도록 한다.

■ 코디네이트하기 쉬운 것은 심플한 백색

어떠한 식기가 좋은지 망설여질 때는 심플한 것으로, 어떠한 스타일에도 잘 어울릴 수 있는 하얀색의 식기를 선택하는 것이 좋다. 특별히 처음 구입하는 경우에는 싫증나지 않는 백색이 적당하다.

코디네이트의 폭도 넓고 요리도 아름답게 보일 수 있는 것이 백색의 식기이다. 한마디로 말하면 백색의 식기는 심플한 것부터 탁월한 세팅까지 스타일이 다양하다. 동일한 백색이어도 자신이 좋아하는 것으로 선택하도록 한다.

■ 양식기의 손질과 보관방법

씻을 때는 도기와 자기를 구분하여 조금씩 나누어 조심하여 씻는다.

양식기를 씻을 때는 먼저 도기와 자기로 나누어 놓는다. 이것은 도기와 자기의 흡수성이 다르기 때문이다. 자기는 대부분 흡수성이 없지만, 도기는 물을 잘 흡수한다. 그렇기 때문에 같은 시간을 들여서 그릇을 씻는 것만으로 도기는 물을 많이 먹게 된다.

다른 또 하나의 포인트는 2~3개씩 씻는 일이다. 한꺼번에 씻게 되면 식기들이 부딪혀서 가장자리가 깨질 위험이 있다. 천천히, 조심스럽게 몇 개씩 나누어서 씻는다.

새로 산 양식기는 사용하기 전에 한번 뜨거운 물을 끼얹고 끓는 물에 넣었다 꺼내는 것이 좋다. 소독과 냄새를 없애는 두 가지 효과가 있다.

사용 후의 식기를 씻을 경우에는 물에 씻기 전에 티슈나 종이 타올 등의 부드러운 종이로 닦아 주는 것이 좋다. 특별히 기름이 묻어 있는 경우에는 종이로 기름을 닦아낸 후에 씻도록 한다. 이렇게 하면 스펀지 등으로 힘들여 닦을 필요가 없기 때문에 식기에 상처가 나는 것을 방지할 수 있다.

세제를 사용할 경우에는 변질을 막기 위해서 재질이 같은 것을 2~3개씩 나누어 씻는다. 세제는 중성세제를 사용하는 것이 좋고 클렌저는 식기에 상처가 나기 쉬우므로 사용하지 않도록 한다. 그리고 같은 형태의 그릇끼리 씻어 나가는 것이 작업이 편하다. 될 수 있는 대로 부드러운 스펀지를 사용한다. 손잡이가 있는 컵을 씻을 경우에는 부드러운 털을 가진 칫솔을 이용하면 세심한 부분까지 닦을 수 있다.

찌든 자국이 있을 경우에는 컵 안에 소금이나 레몬, 혹은 크림 타입의 클렌저로 가볍게 문질러 준다. 고급품이나 글라스 등의 경우에는 탄산칼슘이 들어있는 세제를 사용하면 식기에 상처 나는 것을 막아준다. 그리고 표백제를 사용하고 싶을 경우에는 고급품은 산소계가 알맞다. 일반 식기는 염소계로도 좋다.

세제로 씻고 난 후에는 일단 미지근한 물로 헹구고, 마지막에는 뜨거운 물을 끼얹어 준다.

이렇게 하면 살균소독 효과가 얻어지고, 그릇도 빨리 건조된다.

마지막으로 건조하는 과정에서는 자연건조가 가장 좋다. 마른 행주로 가볍게 닦거나, 받침 위에 올려놓는 정도로 좋다. 행주는 소독해두는 것이 기본이다.

■ 식기와 식기가 접촉하지 않도록 조금씩 사이를 두고 보관한다

고급 식기의 경우, 수납한다는 것보다 전시한다는 감각으로 한 개씩 나란히 늘어놓는 것이 이상적이다. 그러나 실제로는 수납공간이 제한되어 있음으로 겹쳐 놓을 수밖에 없게 된다. 이 경우에는 부직포나 에어쿠션 등의 부드러운 재질을 그릇 사이사이에 올려놓아 식기가 직접 닿는 것을 막아준다.

■ 손님용으로 평소에 사용하지 않는 식기는 헝겁에 싸두면 좋다

손님용 식기 등 평소에 사용하지 않는 식기는 헝겊으로 싸서 상자 안에 넣어서 보관하는 것이 좋다. 발이 자주 닿는 곳이라든지, 너무 높아서 떨어지는 일이 없도록 편평하고 안정감 있는 장소에 보관한다.

은기 등의 금속품은 수납만으로는 안 된다. 금속품은 사용하게 되면 변색하거나 검게 변하므로 보관하기 전에 잘 닦아서 넣어 두는 것이 오랫동안 잘 사용할 수 있게 된다. 금속품의 사용 후 처리는 물로 음식물을 씻어 내고 중성세제로 닦는다. 부드러운 스펀지에 세제를 묻혀서 가볍게 문질러 씻는다. 클렌저나 금속으로 된 용품은 제품에 상처가 나기 쉬우므로 사용하지 않도록 한다. 미지근한 흐르는 물에서 씻은 후 뜨거운 물을 끼얹어준다.

마지막에 마른 행주로 닦는다. 평소에 사용하는 제품이라면 이렇게 하여 수납하지만, 손님용의 은제품은 닦아서 보관한다. 금속제 닦는 연마제를 헝겊에 묻혀서 광택이 날 때까지 가볍게 문질러 닦는다. 닦는 것이 끝나면 이번에는 금속제에 묻어 있는 연마제를 없애는 일이다. 스펀지에 중성세제를 묻혀서 씻는다. 다시 한 번 물에 씻고 건조한 후 보관한다.

II. 커틀러리(cutlery, service de table)

대형 커틀러리는 점차 없어지고 중형(스탠더드)이 주류가 되었다. 본래 디저트용이었던 나이프와 포크가 현재 고기용으로 사용되고 있다. 즉 사용이 더욱 편하다고 생각하였기 때문이다.

생선용 커틀러리도 같은 이유로서 탄생되었다. 스푼은 원래 보편적으로 수프용으로서 사용되었다.

최근 너무 정성이 드는 콘소메 수프(consome soup)를 서브하는 식당은 감소되는 경향에 있다.

그 대신 호화스러운 디저트에 큼직한 스푼을 쓰기도 한다.

홍차용, 커피용 스푼을 구별하는 것은 식사의 피날레를 우아하게 하는 포인트이다. 1/2사이즈의 데미타스 컵은 작은 스푼을 준비하여야 된다.

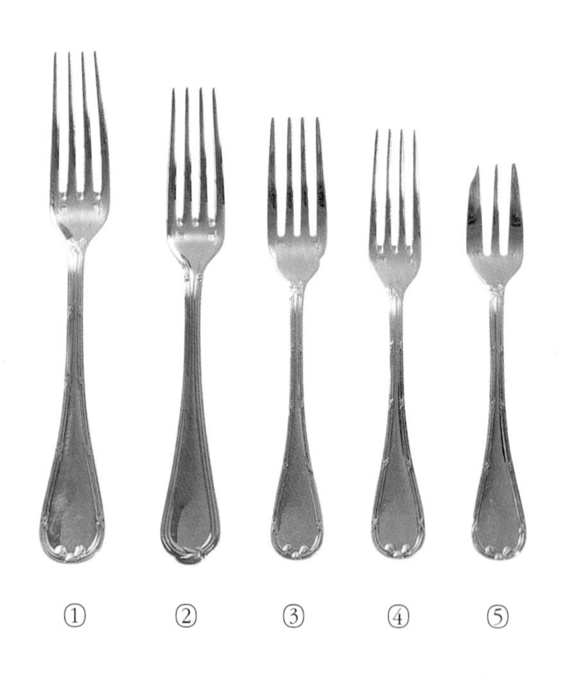

① 육류 ② 생선 ③ 오드블 ④ 디저트
⑤ 케익용(접시의 크기에 따라 오드블과 고기를 겸용으로 한다).

① ② ③ ④

① 육류 ② 생선 ③ 오드블 ④ 디저트(치즈)

① ② ③ ④ ⑤

① 수프 ② 요리 ③ 디저트 ④ 차 ⑤ 데미타세

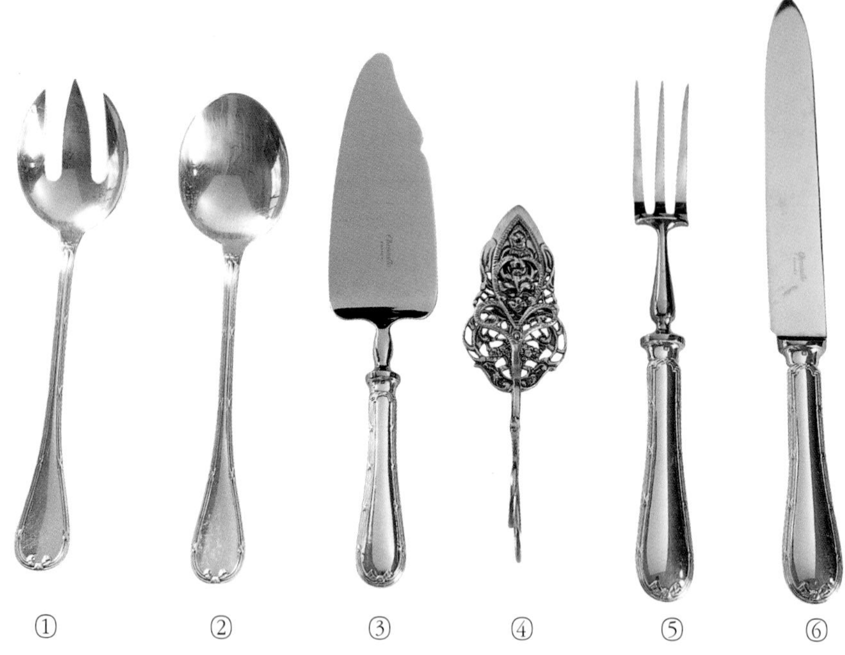

① ② ③ ④ ⑤ ⑥

① salad serve fork ② Salad serve spoon ③ cake server ④ cookie server
⑤ meat serve fork ⑥ meat serve knife

① ② ③ ④ ⑤ ⑥

① fish serve fork ② fish serve knife ③ 요리 serve fork ④ 요리 serve spoon
⑤ gravy sauce ladle ⑥ serve ladle

틀러리의 선택방법과 구입방법

도자기나 글라스가 어느 정도 갖추어졌다면 커틀러리도 맞추어서 구입해본다. 도자기나 글라스에는 신경을 쓰는 사람이 많아도 커틀러리에 관해서는 소홀한 경우가 많다. 식기를 스타일에 맞추어서 선택하는 것처럼 커틀러리도 캐쥬얼용, 엘레강스 등과 같이 패턴을 바꾸어서 구입하는 것이 좋다.

커틀러리는 제품에 따라 디자인이 다양함으로 쉽게 구입할 수 있는 가격부터 고가인 상품까지 있다. 도자기나 글라스와 함께 코디네이트를 하여도 분위기에 맞는 커틀러리를 선택하도록 한다.

■ 기능성이 높고 심플한 것으로

먼저 손으로 잡아서 드는 것이 편안한지 먹기 쉬운지 등의 기능성을 확인하고, 장식은 적당한 것으로 한다. 디자인성이 높은 것은 코디네이트가 어려우므로, 처음에는 심플한 것을 선택하는 것이 좋다. 접시, 식기류 등의 수준을 맞추는 것도 중요하다.

아이템은 먼저 디너나이프, 디너포크, 디저트스푼이나 디저트포크, 티스푼의 4피스를 일인분으로 하여 인원수에 맞게 준비하도록 한다.

■ 장시간 사용할 경우에는 은도금을

커틀러리에는 은제품과 스테인레스제품이 있다. 은제품은 고급스러운 느낌이 있지만 흠이 나기 쉽고, 스테인레스제품은 편리한 점이 특징이다. 디자인과 종류가 다양하여 사용하기 쉬우므로 재질에 구애받지 말고 스타일에 맞추어 선택하는 것도 좋다.

은제품이라도 처음에 갖추게 되면 은도금이 적당하다. 부드러운 광택과 손에 들었을 때의 묵직한 느낌이 은 특유의 좋은 점이라 할 수 있다. 은도금은 은제품보다 가격이 저렴하므로 구입하기 좋은 점이 특징이다. 하지만 소중하게 다루어야 한다. 손에 잡았을 때의 느낌이 좋고 전체적인 발란스가 생각되어진 반짝이는 커틀러리는 아름다운 테이블 연출에 중요한 역할을 담당하고 있다.

Ⅲ. 글라스(Glass, Verre)

글라스는 여러 가지를 장만하여 감상하면서 사용하는 생활용품이다.

깨지기 쉬운 불편함으로 인하여 식기의 장만에서 가장 마지막에 준비하게 된다. 그러나 생활을 소중하게 생각하는 사람들은 글라스만큼 즐거움을 느끼는 것은 없다고 한다.

글라스는 식탁에서의 우아함과 화려함을 연출하는 데 있어 가장 큰 역할을 담당하고 있기도 한다. 베네치안 글라스의 고향인 무라노섬을 방문하여 보면 11세기경에 벌써 여러 가지 글라스가 제작되어진 것을 보아도 그 당시 생활에 있어서 큰 즐거움이었다는 것을 알 수 있다. 순금을 섞어서 아름다운 붉은 색이나 핑크로 제작하는 고도의 기술이 그 당시 벌써 탄생되었던 것이다.

14세기부터 16세기에 이르러 이탈리아의 대부호인 메데치가(家)의 무역이 활발해짐에 따라 파티에서는 코발트 블루를 사용하고 특별히 고가(高價)의 메데치 블루가 등장하기도 하였다.

또 현재 고급 글라스로 인정받는 프랑스의 생 · 루이도 1586년에 탄생하였고, 바카라도 1764년에 루이 15세의 인가를 받고 루이 왕조의 애용물로 등장하였다. 바카라가 납의 성분을 더하고 광택의 굴절율을 높여서 아름다운 빛을 가진 본격적인 고급 글라스로 된 것은 19세기가 되어서이다. 그후 유럽 각국의 임금과 귀족들이 주문하여 더욱 유명해졌으며, 1783년에는 아일랜드의 워터포드가 창업하였다. 죠지 3세(1738~1820년)가 특별주문하여 널리 알려지게 되었다.

19세기에는 프랑스의 에미루 가레의 작품이 일세를 풍미하였다. 까메오글라스의 기법은 자연으로부터 영감을 얻어 탄생한 명작이다. 1823년에는 오스트리아의 로브아미야가 창립되어 합스브르크가의 전속이 되었다.

릭크가 20세기 초에 출현, 스웨덴의 오레훠스 등 생활 속에서 오늘까지도 감상하면서 즐기는 핸드메이드의 글라스가 계속하여 등장하였다.

글라스를 다루는 데는 당연한 일이지만 급하게 뜨거운 물에서 씻는다든지 너무 힘을 주어 닦는다든지 하는 일이 없도록 주의하여야 한다.

글라스의 부드러움과 투명함을 살려서 테이블 세팅을 하는 것은 매우 멋있는 일이다. 여름이 되면 글라스만으로서도 식탁의 분위기에서 상쾌한 청량감을 엿볼 수 있다. 그리고 과일이나 제리 등의 디저트는 서늘해 보이는 글라스의 식기에 담는 것이 시원함을 느끼게 한다. 겨울에 글라스의 촛대에 작은 캔들이 꽂혀져서 불꽃이 되면 테이블 하나 가득한 불빛의 식탁은 보는 이로 하여금 감격하게 될 것이다.

술에는 어울리는 글라스가 같이 하게 마련이다. 섬세한 색깔을 즐기기 위하여 조심스레 닦은 다음 손가락 지문이 없도록 세심한 주의를 하여 세팅을 하도록 한다.

화이트와인, 레드와인, 물의 내용에 따라 글라스의 사이즈가 커진다. 샴페인 글라스는 플루트형이 이상적이다. 인원수가 많을 경우 호텔에서는 쿠페형이 호화스럽다. 인원수가 많은 연회에서는 빨리 부어야 하므로 쿠페형이 쓰기 좋다.

식전주에서 식후주까지 술을 바꾸는 경우 각각의 글라스를 준비한다. 오드블에서 디저트까지 다른 샴페인을 대접하는 식사는 대단히 챠밍한 접대이다.

와인 글라스(Wine Glass)

① 보르도 글라스(Bourdeaux Glass)

② 버건디 글라스(Burgundy Glass)

③ 론 와인 글라스(Rhone wine Glass)

④ 로아르 글라스(Loire Glass)

⑤ 그랑블랑 글라스(Grand Blancs Glass)

① 하이볼(Highball)

② 텀블러(Tumbler)

① 샴페인 글라스(Champagne Flute)

② 샴페인 글라스(Champagne Flute)

③ 꼬냑 글라스(Cognac Glass)

④ 꼬냑 글라스(Cognac Glass)

① 디켄터 : 붉은 포도주의 색이 잔에 따를 때 보이도록 투명한 용기에 옮겨놓는다. 떫은 맛과 산미가 강한 와인은 뚜껑을 열어놓는다.

② 디켄터(Decanter)

③ 아이스버겟(Ice Bucket)

④ 피쳐(Pitcher) : 물, 주스, 술 등의 차가운 음료에 사용된다. 용기 안에 있는 액체가 보이도록 투명한 것이 좋다. 용도가 폭이 넓기 때문에 하나 준비되면 소중하게 쓰인다.

⑤ 샴페인 버겟(Champagne Bucket)

글라스 선택과 구입방법

글라스도 도자기와 같이 와인글라스 하나를 보아도 여러 종류가 있다. 역시 처음으로 구입한다면 심플한 것이 좋다. 도자기와 발란스를 생각하는 것도 중요하다. 심플한 것이라면 어떠한 그릇과 테이블 클로스와도 대부분 잘 어울릴 수 있다.

글라스는 몇 개씩 세트로 갖추는 일이 많으므로 깨지기 쉽고 숫자가 모자라기 쉬우므로 언제라도 사서 보충하는 것이 가능한 것으로 구입하는 것이 좋다.

먼저 심플한 것으로 준비한다. 글라스도 마시는 내용에 따라 몇 개의 종류를 준비하는 것이 이상적이지만, 먼저 심플한 것으로 준비하여 코디네이트나 여러 가지 용도로 사용하는 것을 즐겨보자. 심플한 글라스에 익숙해지면 다른 모양으로 조금 좋은 글라스를 구입해보는 것도 좋다. 심플한 느낌이 있는 텀블라(Tumbla)는 사용 용도가 넓기 때문에 강화글라스를 사용하는 것이 좋다.

■ 한 개 정도는 갖고 싶은 와인글라스

와인을 맛있게 즐기기 위해서는 와인글라스 선택에도 신경을 쓰도록 한다. 와인의 컬러를 즐기기 위해서는 선명하고 심플한 크리스탈이 이상적이다. 마시는 입구가 좁은 것은 향기가 달아나지 않도록 하는 것으로 무엇보다 맛있게 와인을 맛보는 것이 가능하다.

■ 글라스를 구입하는 경우

도자기를 구입하는 경우와 같다고 할 수 있으나 깨지기 쉬운 상품이므로 취급하는데 특별한 주의가 필요하다. 가게에서 구입하여 집에 가지고 왔을 때 상품에 금이 가 있다든지 가장자리가 조금 깨져 있다든지 하는 일이 없도록 한다. 상품관리가 엄격한 브랜드에는 이러한 경우가 드물다. 글라스의 가장자리를 만져본다든지 가볍게 두드려보아서 맑은 소리가 나는지를 확인해보는 방법도 있다.

그리고 크리스탈의 광택을 즐기기 위해서는 손으로 다듬은 것인지 기계로 다듬은 것인지를 알아보는 안목을 키우도록 한다. 판단하는 방법은 간단하다. 글라스를 빛에 대고 표면에 빛이 세로로 들어오면 손으로 다듬은 것이고, 기계로 다듬은 것은 그 빛이 비뚤어져 보인다.

■ 글라스의 손질과 수납방법

글라스는 다른 도자기나 금속품 등과는 별도로 나누어 2~3개씩 씻는다. 한 번에 많은 양의 글라스를 씻게 되면 부딪혀서 깨질 위험성이 크다. 얇은 글라스는 특별히 깨지기 쉬우므로 소중하게 씻는다. 먼저 손잡이가 있는 글라스는 볼 부분과 손잡이

부분을 강하게 잡으면 깨지기 쉬우므로 전체를 감싸 쥐듯이 잡아서 손질한다.

씻는 방법은 먼저 용기에 섭씨 40도 정도의 뜨거운 물을 담고, 중성세제를 풀어 놓는다. 여기에 글라스를 넣고 스펀지로 가볍게 문질러 씻는다. 글라스 표면의 컷트 부분의 먼지는 지방분이나 물속의 칼슘이 대부분이므로 레몬에 소금을 묻혀서 칫솔로 닦으면 깨끗해진다. 글라스에 묻은 립스틱 자국은 칫솔에 알코올을 묻혀서 닦으면 깨끗이 지워진다.

길고 좁은 글라스의 밑부분에 손이 닿지 않으면 손잡이가 긴 브러시를 이용하면 간단하게 해결된다. 그리고 글라스의 밑부분에 잘게 부순 달걀 껍질을 넣고 물을 넣어 흔들어 주면 먼지가 깨끗이 떨어진다.

글라스를 세제로 씻었다면 물로 헹군다. 마지막에 미지근한 물로 한 번 더 끼얹어 주면 좋다. 뜨거운 물은 글라스가 깨질 위험성이 있기 때문에 피하도록 한다. 그리고 수도꼭지 주변에서 글라스를 씻게 되면 부딪혀서 깨지기 쉬우므로 주의하도록 한다.

물에 씻고 난 후에는 물기를 닦아서 건조시킨다. 뒤집어 두면 글라스 내측에 온기가 남아서 뿌옇게 되기 때문에 위를 향하도록 한다.

건조 후는 목면이나 마의 혼방직물 등으로 글라스를 닦아두면 더욱 깨끗해지며, 안경 닦는 헝겊을 활용하는 것도 좋은 방법이다. 글라스를 닦는 경우에는 반지나 시계를 벗어 놓는다. 다이아몬드 등의 귀금속은 글라스보다 단단하기 때문에 표면에 상처를 주기 쉽다.

수납방법으로는 평소에 잘 사용하는 글라스라면 바로 사용하기 쉽도록 손에 잘 닿는 곳에 나란히 늘어놓는다. 만약 겹쳐 놓았을 경우에 글라스가 빠지지 않으면 아래쪽의 글라스를 뜨거운 물에 넣고 천천히 돌려주면 간단히 빠지게 된다.

IV. 테이블 린넨(Table linen, nappe at serviette de table)

테이블 린넨은 경의의 표현이다.

테이블 린넨이란 테이블 클로스, 매트, 냅킨, 러너, 도이리 등을 총칭한다.

감은 어떠한 것이든지 조심스럽게 다룬다 하여도 때가 묻으면 소모품이 된다. 따라서 테이블 린넨에 비용을 쓰는 것은 최고의 사치가 되며, 이것으로 테이블 세팅의 가치를 나타낼 수 있다.

일반적으로 청결한 다마스크 직물의 흰색을 많이 사용한다. 현재 전통을 존중하는 영국에서는 식사 또는 애프터눈 티에서 많이 사용한다. 흰색의 다마스크 직물이 정식이라고 생각하기 때문이다. 그러나, 영국에서는 호두나무나 마호가니 등 최상의 재질로 만든 테이블에는 테이블 클로스를 사용하지 않고 플레이스 매트를 쓰거나 직접 엘리멘트(element)를 세팅한다.

프랑스에서는 파티 내용에 맞게 테이블 린넨을 여러 가지 종류로 연출한다.

면 또는 마, 마면혼방, 부드러운 감각의 화학섬유 등으로 하는데, 백색이 정식이다. 근년에는 자수로 예쁘게 하는 경우도 있으며 파스텔 칼라 등도 공식식탁에 사용하고 있다.

아프리케 한 것은 가정용으로 사용한다. 좋은 품질의 테이블 린넨은 프랑스의 베네로프사나 노에르의 프린트 모양이 유명하다.

유럽의 어느 도시에서도 중심거리에는 고급 린넨 점포가 있다. 로마에서는 백색의 자수와 레이스를 섞어 만든 화려한 르네상스 스타일의 테이블 클로스를 판다.

여행시 눈에 뜨인다든가 선물로 받는다든지 여러 가지 형태로 장만한 테이블 클로스는 매우 중요하며 즐겁게 쓰일 수 있다.

가치 있는 소재로 테이블 세팅을 하여 손님을 접대한다면 대접 받는 손님도 매우 즐거운 분위기를 느낄 수 있다. 청결한 상질의 질감을 감상할 수 있는 엘리멘트를 갖추는 것이 좋다.

원형 사각 테이블 클로스를 사용하는 것이 보통이다. 테이블 클로스는 식탁에서 30cm 밑으로 내려가는 크기로 한다.

엷은 질감이 있는 테이블 클로스는 클로스 밑을 다른 천으로 깔고 다시 씌우는 것이 좋다.

1. 테이블 클로스(Table Cloth)

테이블 클로스를 품질이 좋고 특별한 재질로 된 것을 사용한다면 손님에 대한 경의의 표현이 되는 것이다.

테이블 클로스를 사용하는데 있어 정식(formal) 세팅의 경우 테이블에서 흘러내리는 길이가 50cm 이며, 가정에서의 세팅은 25~30cm 정도 내려오는 것이 바람직하다.

2. 매트(lunchon mat)

테이블 클로스 위에 놓는 매트도 여러 가지가 있다.

매트는 재질과 색감이 다양하므로 식탁의 분위기와 잘 어울리는 것으로 선택한다. 기본 사이즈는 45cm × 35cm 가 적당하다.

3. 냅킨(Napkin)

냅킨을 여러 가지 모양으로 흔히 보는데 직접 입술에 닿는 것이므로 다른 사람의 손이 많이 닿은 것은 좋지 않다. 청결성이 제일이므로 지나치게 멋을 내는 것은 삼가고 원칙적으로 풀을 먹인다든가 하지 않는 것이 좋다.

보통사이즈 50 × 50cm
가정사이즈 40 × 40cm
티타임용 30~35cm(티타임용은 오간디나 수를 놓은 것 등)
칵테일용 20~25cm(글라스의 물기가 옷에 떨어지지 않게)

면종류로서 테이블 클로스와 코디네이트하는 것이 중요하다. 그리고 티타임과 칵테일용으로서 근년에는 10cm 정도의 크기도 있다.

캐주얼한 어린이용이나 아침식사에는 종이제품도 좋다.

냅킨링

4. 냅킨링(Napkin Ring)

가정적인 것과 손님용으로 나눌 수 있겠으나 지나치게 장식하는 것은 바람직하지 않으며, 냅킨과의 코디네이트를 생각하는 것이 중요하다.

5. 언더클로스(Undercloth)

테이블 클로스의 밑에 깐다. 그리하여 테이블 클로스의 표정이 부드러워지며 우아해보인다.

두께가 있기 때문에 글라스나 커틀러리를 놓을 때도 부드러워서 편하다.

두께가 있는 옷감, 즉 소프트한 면이나 융, 울(Wool) 등으로 선택하고 테이블 사이즈(table size)보다 10cm 크게 한다.

6. 도일리(Doily)

10cm 사각이나 둥근형 면제품 또는 레이스에 수를 놓은 것도 있다. 위치접시의 위에 또는 겹쳐놓은 쟁반이나 식기의 사이에 깔아서 사용한다. 접시와 접시 사이의 마찰이나 서로 접촉하는 소음을 방지한다.

테이블 클로스

흰색이 정식이다.

이탈리아 르네상스 스타일의 테이블 클로스로 마(麻, 다마스크 직물)로 된 섬세한 레이스의 최고급품

테이블 클로스에 수를 놓는 것도 좋다. 흰색에 그린 꽃을 수놓았는데 냅킨도 같은 무늬로 하는 것이 우아하다.

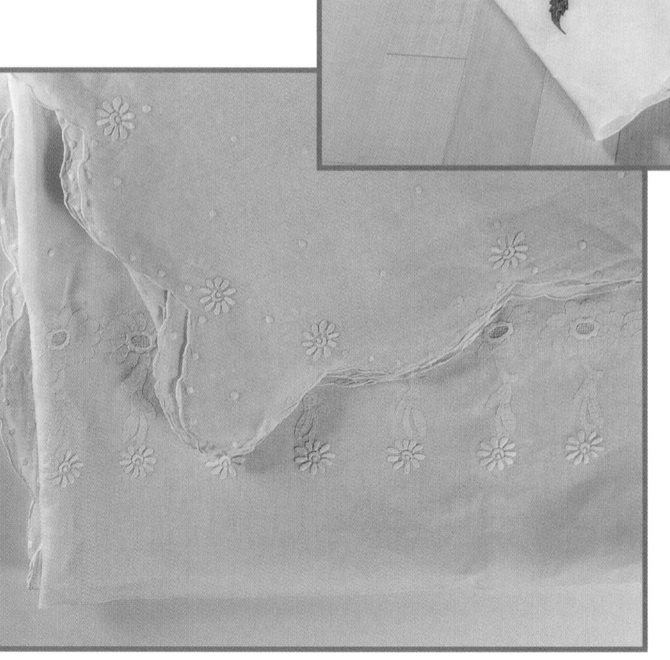

이탈리아 면직물로서 연한 핑크에 흰색수를 놓은 테이블 클로스

7. 냅킨(Napkin)

냅킨은 식사를 하는데 필요한 것이다.

그런데 근년에는 그 냅킨이 식탁을 장식하는데 없어서는 안될 존재가 되었다. 예전에는 냅킨 하면 백색이 주가 되었으나 여러 가지 색상이 등장하여 식탁을 더욱 멋스럽게 하고, 그날 준비된 요리의 이미지에 따라 여러 가지 모양으로 예쁘게 접어서 식탁에 놓으면 한층 빛나는 식탁이 될 수 있다.

수련

밴드

겹부채

밴드

장미

왕관

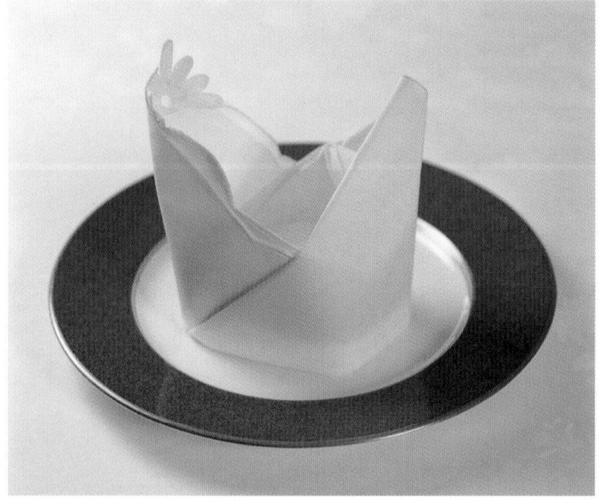

달팽이

죽순

범선

냅킨은 테이블 클로스와 모양을 맞추어 한 코너에 자수를 놓은 것이 세트 구입으로 좋다. 애프터눈티를 위하여는 레이스 등의 엷은 질감이 우아하다.

각자에게 제일 필요한 것. 식사용으로 대형, 사방형, 장방형의 것이 있다. 수가 놓여 있는 것은 수가 보이도록 테이블에 장식한다.

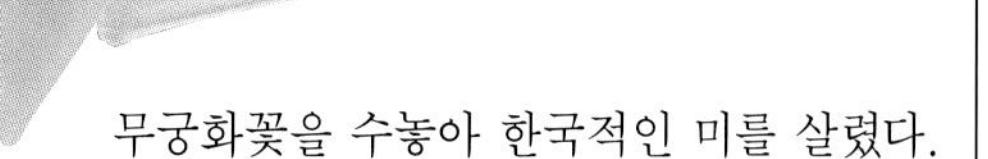

무궁화꽃을 수놓아 한국적인 미를 살렸다.

냅킨 접기

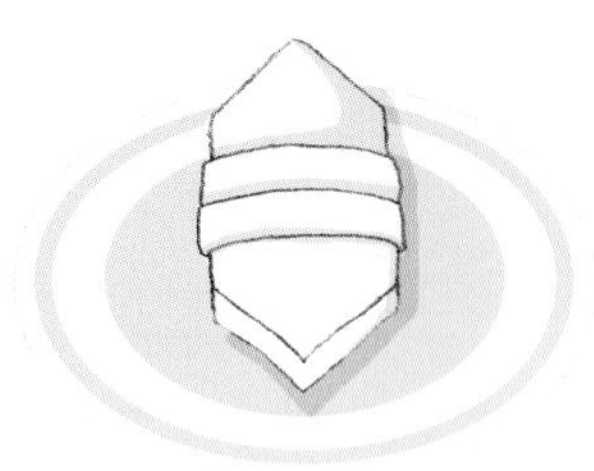

밴드

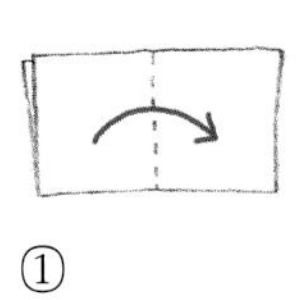
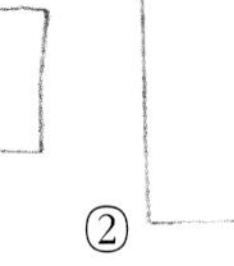
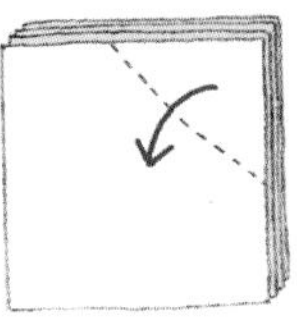
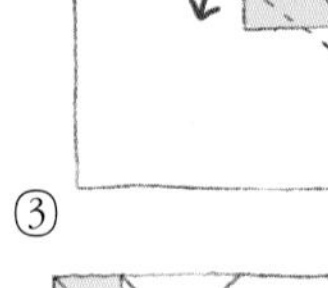
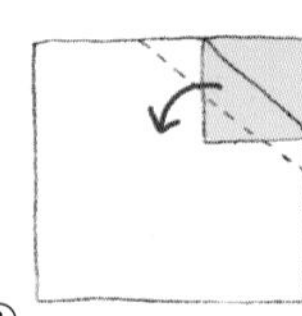
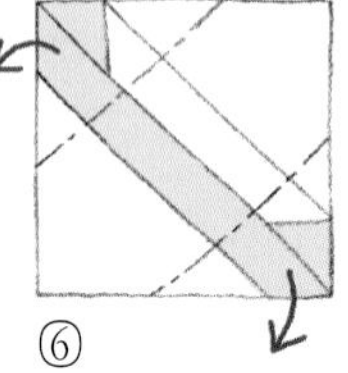
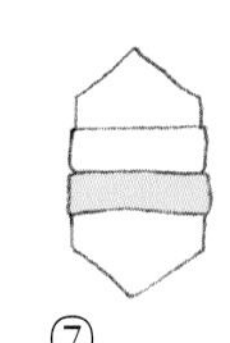

범선

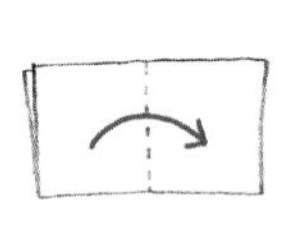

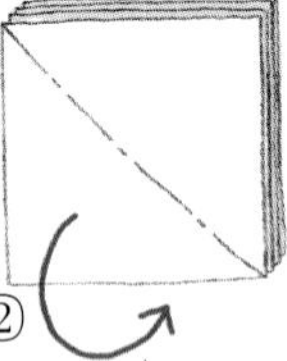
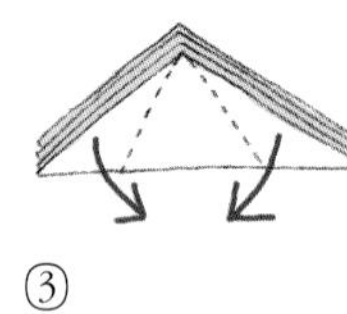
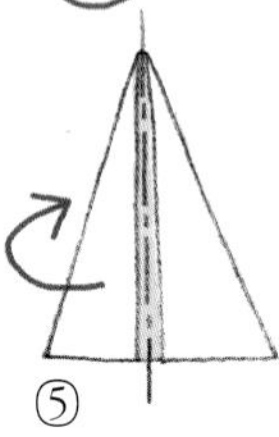
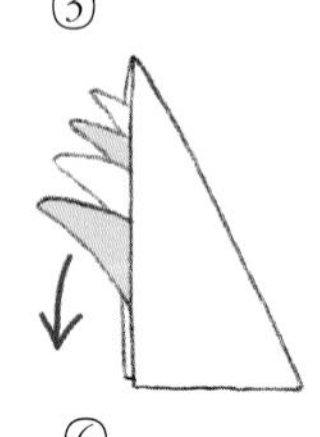

죽순

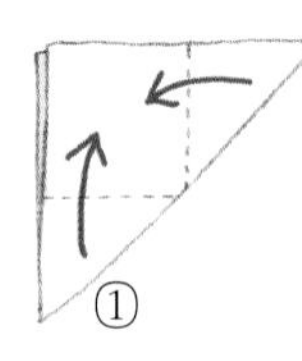
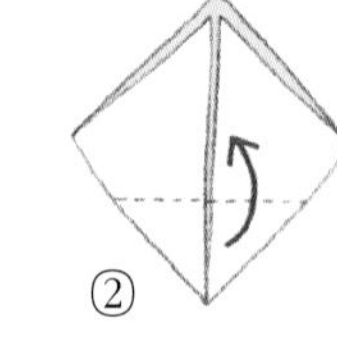
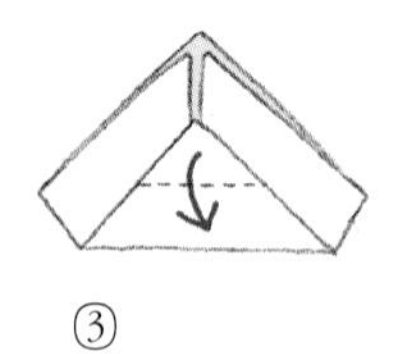
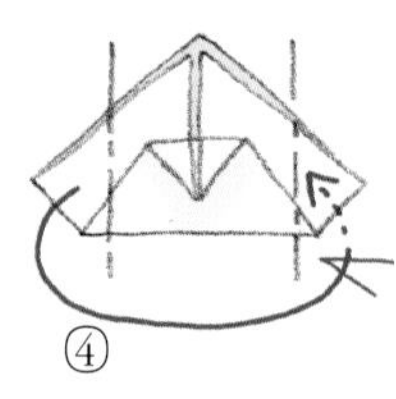
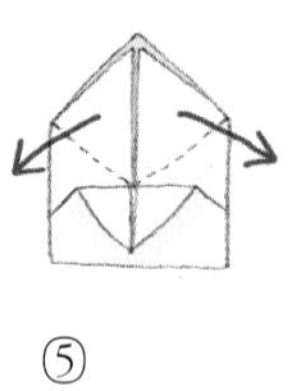
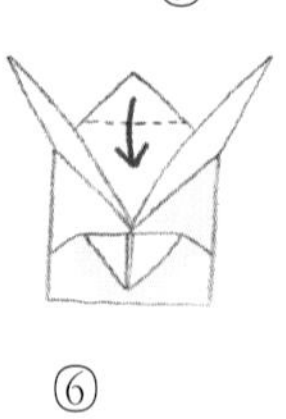

달팽이

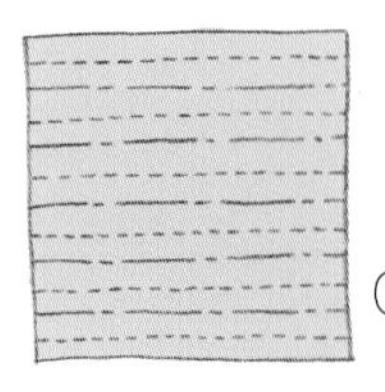
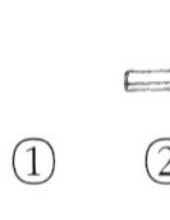
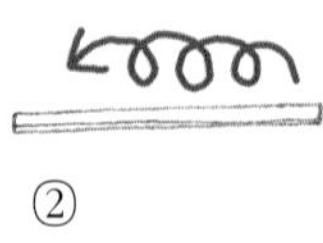
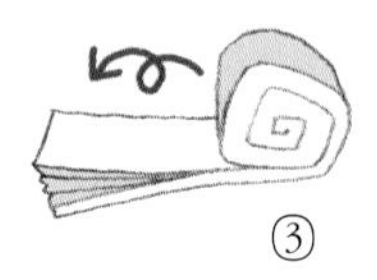
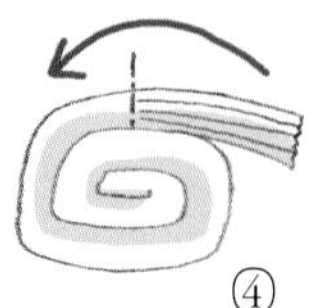
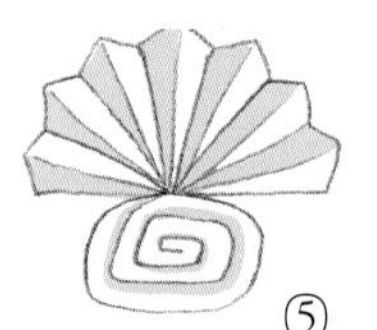

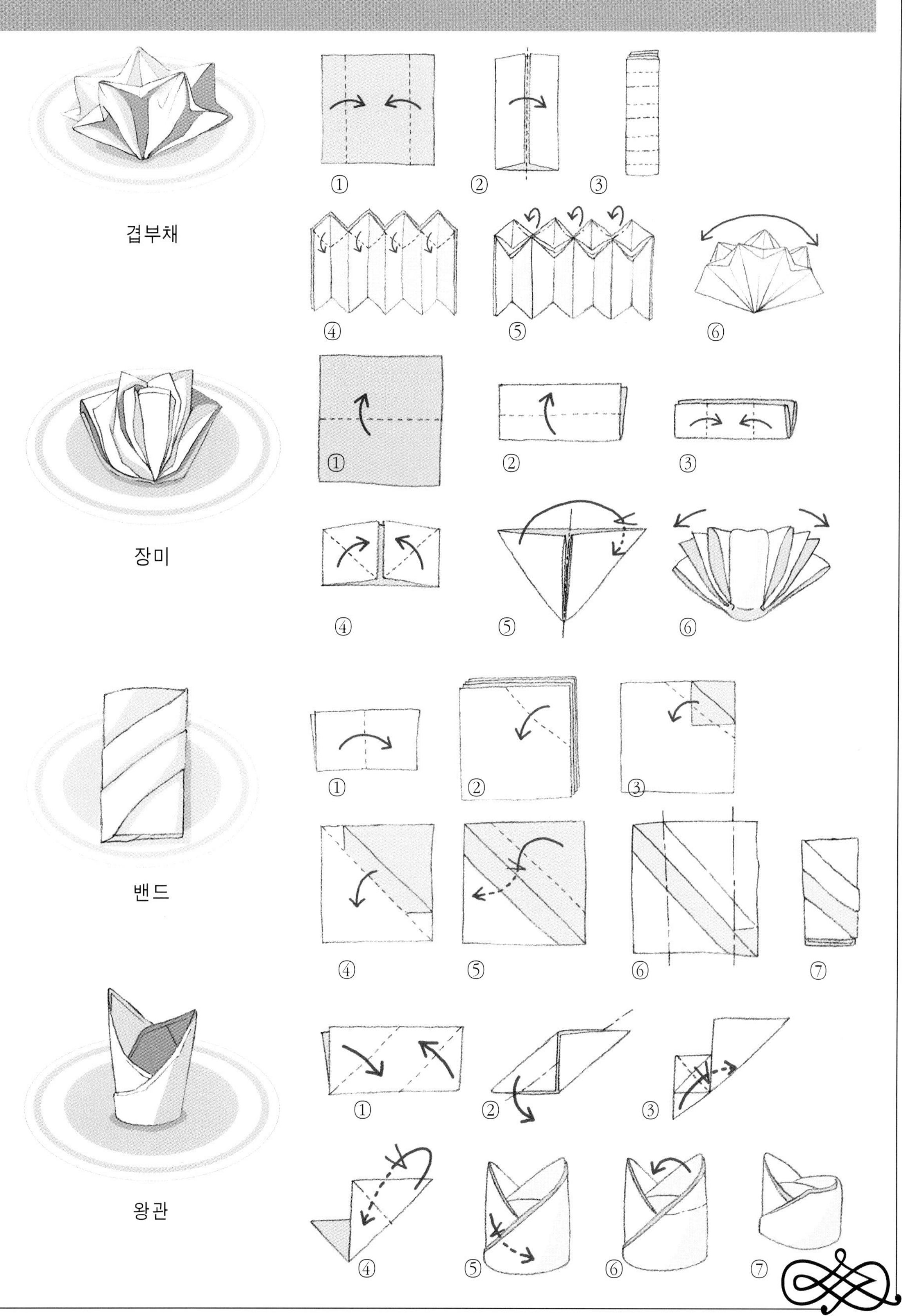
겹부채
장미
밴드
왕관

매트(Mat)

영국에서 흔히 사용한다. 테이블의 소재가 마호가니, 호두나무 등 고급재질일 경우 테이블 클로스를 쓰지 않고, 매트를 사용한다.

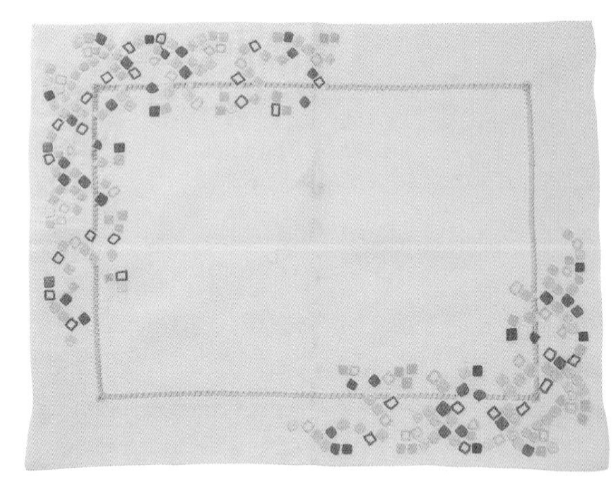

도일리(Doily)

베니스에서는 무라노섬이 레이스로 유명하며 섬세한 레이스가 있는 아름다운 자수나 린넨을 팔고 있다. 스위스의 면 레이스도 편하게 즐길 수 있다.

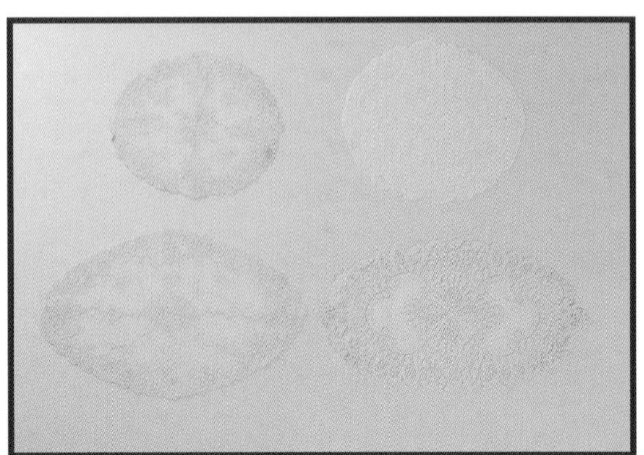

티 매트(tea mat)

티 타임(tea time)용 테이블 클로스(teble cloth)

커버(cover)

V. 센터피스(Centerpiece)

센터피스는 '중앙부'와 '놓는 것'이란 두 낱말이 합해져 이루어진 단어로 식탁의 중앙부 장식물을 뜻한다. 크기에 따라 부르는 방법으로는 인형과 새, 작은 동물상 등을 휘기어라부르고 캔들이나 꽃병 등 큰 것은 센터피스에 포함된다. 식탁장식은 테이블세팅을 하는데 있어서 아주 중요한 엘리멘트 이외의 역할로 즉 인상 깊게 한다든지 영원히 잊혀지지 않는 식탁으로 보인다든지 하는 중요한 역할을 한다. 우선 식탁공간을 어떻게 채워야 하는지가 포인트가 된다. 19 세기 경까지는 식탁 중앙에 그 집의 가보를 순번으로 장식하여 손님에게 경의를 표하였으며 금은세공이 주가 되었다.

이와 같은 풍습은 지금도 영국을 중심으로 계속되고 있다. 특히 19 세기 빅토리아 여왕은 테이블에 빈자리가 없도록 꽉 채우는 방법을 즐겼다고 한다. 현재는 일반적으로 심플하게 하고 있다. 흔히 식탁화를 중심으로 장식하고 그 외에는 소금 후추 등의 양념그릇을 장식으로 놓고 파티의 목적에 맞는 소품이 있으면 장식하여 테마를 확실하게 손님에게 전달한다든지 손님의 분위기에 맞추어서 여러 가지 방법으로 장식한다. 장식하는 방법이 다르더라도 될 수 있는 대로 즐거운 방식으로 이끌어 가는 마음가짐이 필요하다.

식탁에 꽂는 꽃은
손님에게 잘 보이도록
테이블의 중앙으로부터
양 옆에 길게 오도록 꽂는다.

꽃단지

높이는 낮게, 테이블 클로스 색과 꽃을 같은 색으로 하여 편안한 분위기를 연출한다.

1. 식탁화(Table Flower, fleurs pour la table)

식탁화는 사방형, 타원형, 구형, 삼각형 등 테이블의 크기에 따라 맞추도록 한다.

뷔페 스타일의 테이블에서는 세 곳에서 보이도록 높게 한다. 자리에 앉았을 때 상대방 손님과 눈이 마주치는 높이인 30cm 이하로 하고, 테이블 클로스의 중심 부분에 수가 놓인 것은 수 모양이 보이도록 어렌지(arrange) 한다.

또 향기가 강하지 않은 것, 꽃잎이 흐트러지지 않은 것을 준비한다. 색감의 조화가 이루어지는 계절꽃으로 장식하는 것이 분위기에 어울린다.

2. 촛대(Candle Stand)

정성을 담아서 차리는 식사는 아무래도 저녁식사라고 본다. 즉 만찬이다.

중요한 식사라고 증명이라도 하듯 식탁 장식은 촛대이다. 샨데리아와 캔들이다. 즉 천장에서 빛나는 샨데리아와 식탁 위의 캔들은 밤하늘의 빛나는 별들과 어우러져 모든 분위기와 사람을 빛나게 한다.

샨데리아라는 말은 샨도루의 의미가 있어서 2월 2일의 그리스도 봉헌의 축일 성모를 축원하는 의미라고 한다. 또한 크리스마스의 축제일 옛날 가난한 집을 인도자가 방문하여 불을 밝히고 기도하였다는 말이 샨데리아의 기원이 되었다고 한다. 밀랍으로 만든 촛대의 빛이 몸과 마음을 따뜻하게 감싸안고 이것은 하나님의 선물이라고 믿어 빛을 매우 소중한 것이라고 하였으며 잡내와 소음을 없애는 역할을 하기도 한다.

3. 소금단지

식탁에 놓는 소금그릇으로 식탁예술의 주역이 될 수도 있다.

소금은 인류 신체에 필요불가결한 것이어서 옛날에는 귀중품으로서 매우 귀하게 다루었었다.

옛날 왕과 귀족들은 지배자로서 많은 소금을 구입하여 연회할 때에도 선물로 나누어주기도 하였으며 값비싸고 아름다운 소금그릇이 등장하여 식탁을 장식하는 주역의 역할을 하였다. 19세기가 되어 예전같이 소금이 귀한 것이 아니었어도 식탁의 장식으로서 소금그릇을 놓는 습관이 계속되어 연회의 출석자 전원 테이블에 몇 개씩 놓는 것이 최상의 접대가 되는 것이다. 실재로 프랑스 요리는 소금간이 적당히 맞추어져 있기 때문에 소금그릇이 꼭 필요한 것은 아니나 장식으로 놓기도 한다. 최고의 소금그릇은 순은 제품이고 안쪽으로는 유리로 되어 있다.

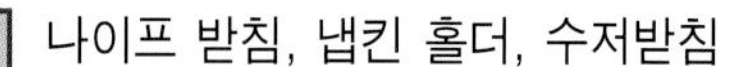

나이프 받침, 냅킨 홀더, 수저받침

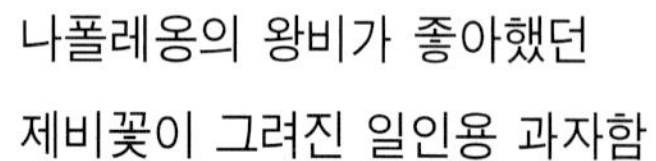

나폴레옹의 왕비가 좋아했던
제비꽃이 그려진 일인용 과자함

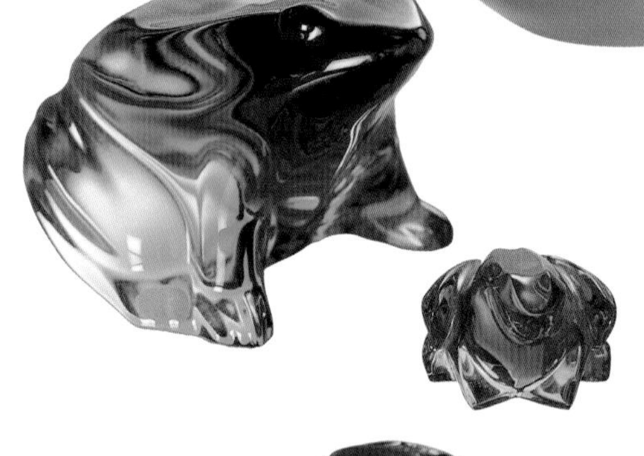

17 세기 러시아 에카테리나 여왕의
심볼인 크리스탈 개구리

중국의 당삼채(唐三彩)

당대(唐代)에 와서 풍부하고 화려한 다채연유도기(多彩軟釉陶器)가 나타나는데 간단하게 당삼채라 부른다. 조형은 생동감이 아름다우며, 색채의 화려함은 눈길을 끌었다. 백색의 고령토를 사용하였으며 주로 황·록·백의 유약을 많이 써서 삼채라는 이름을 얻었다. 소성온도는 섭씨 900 도 정도였다. 중국의 서안·낙양에서 가장 많이 출토되었다.

크리스마스의 마스코트

소품용 접시들

VI. 테이블 세팅 방법(Table Setting)

테이블 세팅

테이블에 테이블 웨어를 세트하는 것을 테이블 세팅이라 한다. 각기 다른 여러 종류의 테이블에는 각자에 알맞는 테이블 세팅이 있다. 역사적인 흐름과 세계의 지식인들과 리더가 되는 많은 사람들이 인식하고 있는 정식테이블 세팅은 프랑스식이 기본이며 그 기본은 프랑스의 국립호텔학교와 그외 유럽 각 나라의 호텔학교에서 교육되고 있다. 국제무대가 되는 세계의 일류호텔은 프랑스요리를 서비스하는데 테이블도 프랑스식으로 세트하고 있다.

1. 정식 테이블 세팅(호텔레스토랑용)

① 손가락 두 마디를 옆으로 한 위치에 접시를 놓는다.

② 위치접시 왼쪽 위에 빵접시를 놓는다.

③ 커틀러리를 놓는다.

즉 식사하는 도구인 포크, 나이프를 식사하는 순서대로 놓는다.

왼쪽은 포크나이프, 바깥쪽으로부터 애피타이저, 생선요리, 고기요리 순서로 한다.

오른쪽도 식사순서이다.

바깥쪽부터 애피타이저, 생선, 고기 순서이다.

즉 자리접시의 왼쪽에 미트 포크를 놓는다. 반대편에는 미트나이프를 놓는다. 이때 접시의 왼쪽으로 놓는 포크와 오른쪽에 있는 나이프는 같은 선상에 가지런히 놓는다.

미트 나이프 오른쪽으로 생선용 나이프를 가지런히 놓는다.

④ 글라스를 놓는다.

작은 글라스는 화이트와인, 중간 크기는 레드와인, 아주 큰 것은 물 컵, 푸룻형은 샴페인용이다.

⑤ 냅킨을 놓는다.

위치접시 위에 냅킨을 놓는다.

또는 오른쪽이나 왼쪽에 놓을 수 있다. 경우에 따라서는 다른 장소에 놓을 수도 있다.

⑥ 식탁 중심에 식탁화를 놓는다. 저녁에는 촛대도 놓는다. 소금단지, 후추단지도 놓으면 식탁 위의 장식이 되므로 기호에 따라서 놓는다. 연회식인 경우는 각자 앞에 메뉴를 놓는다.

테이블 세팅 순서

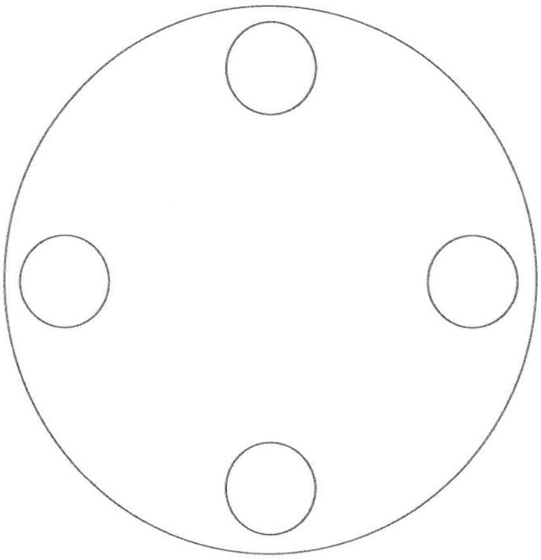

①

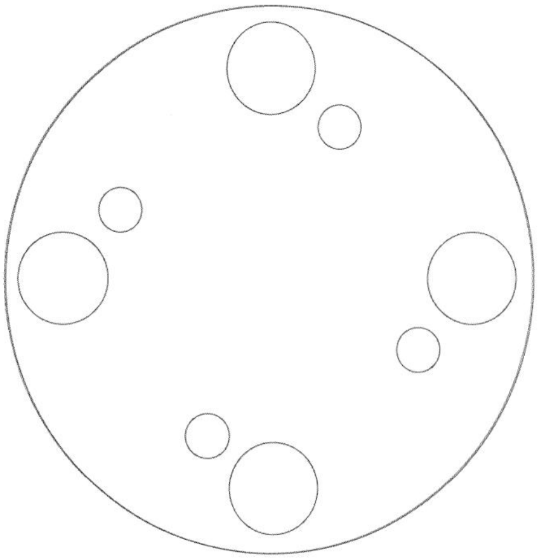

②

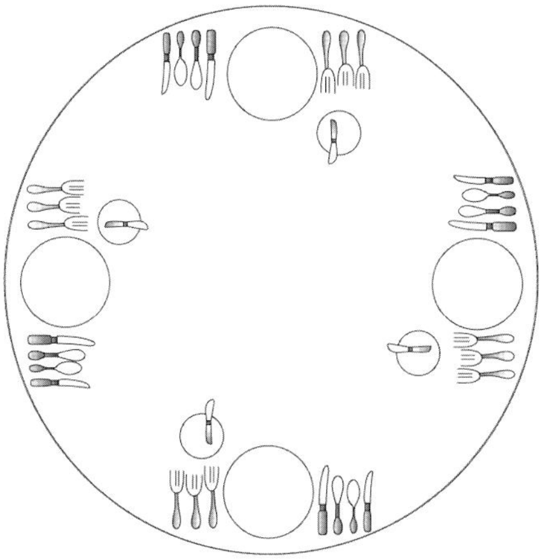

③

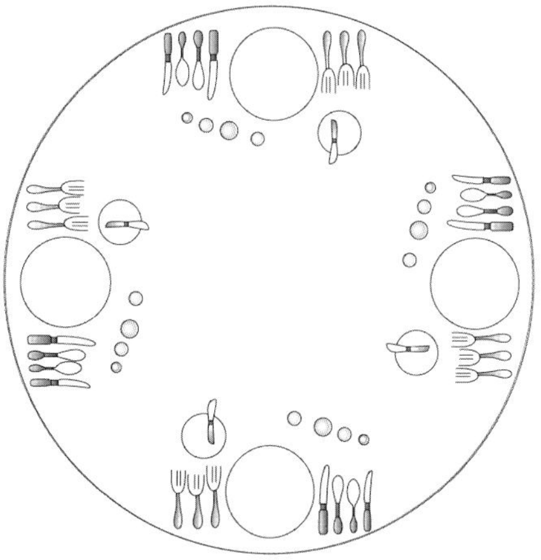

④

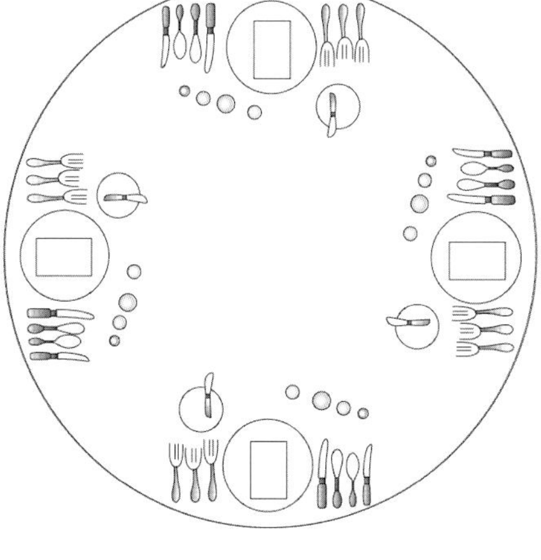

⑤

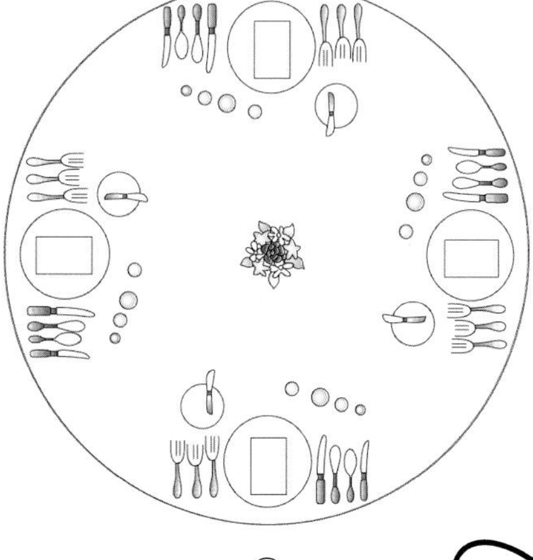

⑥

2. 가정에서의 테이블 세팅

호텔이나 레스토랑의 테이블 세팅과 가정에서의 테이블 세팅의 차이는 커틀러리의 숫자이다. 레스토랑이나 호텔의 경우는 장식을 겸해서 커틀러리를 많이 진열하며 손님이 들어오면 바로 식사를 할 수 있도록 처음부터 세팅을 하고 있다가 요리를 주문 받고서는 메뉴에 맞추어서 다시 세트하기도 한다.

가정에서는 요리가 나올 때마다 커틀러리를 가져와 세트하기도 한다.

이것도 엘레강스하며 더욱 귀하게 대접받는 분위기가 될 수 있다.

특히 디저트용 커틀러리를 처음부터 놓지 않는 것이 좋다.

호텔이나 레스토랑에서는 커틀러리를 프랑스식으로 뒤집어 놓는 경우도 있으나, 테이블 클로스가 상할까봐 뒤집어놓지 않는 경우가 많다.

3. 아름다운 테이블 코디의 요령

테이블에 여유가 있으면 글라스를 1 열이나 2 열로 하든지 삼각으로 놓기도 한다. 이때 샴페인 글라스는 뒤쪽에 놓는다.

한국은 건배를 식전에 하기 때문에 샴페인 글라스를 앞쪽이나 또는 오른쪽에 놓는 것이 좋다. 위치접시를 놓는 것이 자리의 위치역할도 하지만 손님에 대한 환영의 뜻도 되며 존경하는 마음을 나타내기도 한다. 접시의 안쪽에 그림이 있을 때에는 냅킨을 접시 위에 놓지 말고 옆에 놓도록 한다. 접시의 그림이 보이도록 하기 위해서이다.

4. 아침식사와 점심의 테이블 세팅

① 테이블 세팅은 디너의 세트에 준하게 된다.

② 메뉴에 따라 커틀러리의 수는 변화한다.

③ 식탁 장식은 심플하게 연출한다.

④ 아침식사에는 위치접시를 쓰지 않고 약간 큼직한 컵과 큼직한 빵접시를 세팅하며 커틀러리는 필요한 것만 준비한다.

⑤ 애프터눈 티컵(tea cup)과 티소서(tea saucer)를 놓는다.

⑥ 케익접시는 앞에 놓고 오른쪽에 티컵(tea cup)의 핸들의 오른쪽에 길이로 티스푼(teaspoon)을 놓는다. 포크는 필요할 경우에만 놓는다.

⑦ 스콘(Tea cake)을 3 단의 케익 스탠드나 각각 다른 접시에 담아서 테이블에 놓는다.

⑧ 티서비스(tea service) 주전자를 놓는다.

⑨ 테이블 옆에 티포트, 커피포트, 설탕단지(sugarbowl), 크리머(creamer)를 츄레이(tray)에 얹어서 놓는다.

5. 테이블의 종류

① 둥근형 8인용

② 타원형 8인~14인

③ 타원형 30인 용

④ ①번이나 ②번의 테이블을 쓰는 경우도 있으나 많은 사람의 만찬에서는 ②번이나 ③번을 중심에 놓고 ①번을 필요 숫자대로 여기저기 놓는다. ④번은 가끔씩 사용한다.

6. 테이블 클로스를 씌우는 법

● 둥근 테이블인 경우

① 몰톤(미끄럼방지 엷은 고무판)+스냅(엷은 천)+테이블클로스
밑에 까는 몰톤을 약간 양옆으로 내려오도록 씌운다(호텔은 테이블에 붙인다.).

② 스냅을 씌운다. 옆으로 내려지는 길이는 30cm~40cm 정도가 표준이다. 테이블클로스가 엷은 천인 경우는 스냅이 보이지 않도록 배려한다. 그 위에 테이블 클로스를 30~40cm 내려오도록 덮는다.

③ 다리 4개의 둥근형 테이블에 정방형의 테이블 클로스를 씌울 때는 다리가 가려지도록 각 다리쪽에 테이블 클로스의 각진쪽을 끝으로 맞추면서 씌운다.

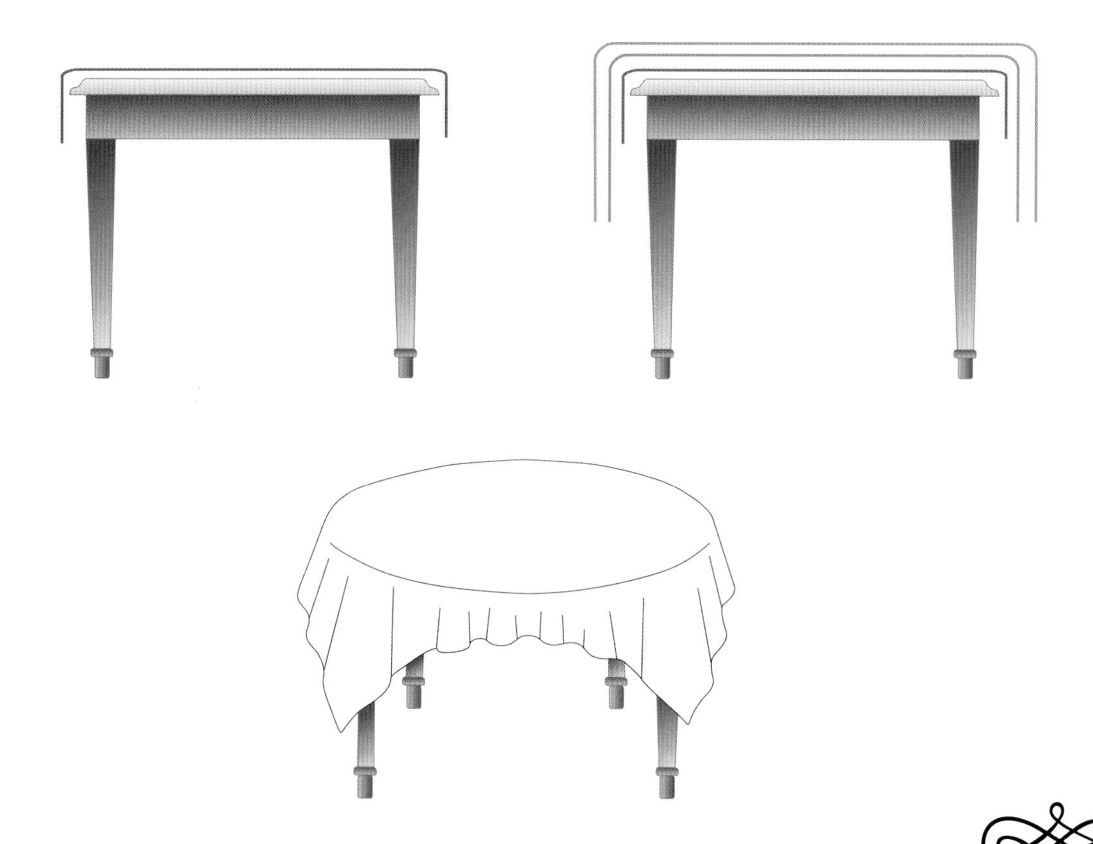

- 바닥까지 내려오는 테이블 클로스인 경우: 몰톤+스냅+테이블 클로스
  ① 밑에 깔은 몰톤을 옆으로 약간 흘러내리게 씌운다.
  ② 스냅은 바닥까지 닿게 한다.
  ③ 테이블 클로스를 바닥까지 닿도록 씌운다.
  ④ 둥근형의 테이블에는 둥근형의 테이블 클로스를 씌우는 경우도 있다.

- 바닥까지 내려오는 쥬봉인 경우: 몰톤+쥬봉(마루까지 닿는 클로스)+테이블 클로스
  ① 밑에 까는 몰톤을 씌운다.
  ② 쥬봉을 바닥에 닿도록 씌운다.
  ③ 테이블 클로스를 씌운다. 테이블에서 내려오는 길이가 30cm~40cm가 되도록 씌운다.
  ④ 테이블에 4각형의 테이블 클로스를 씌우는 것이 보통이나 둥근형의 테이블 클로스를 씌우는 경우도 있다.

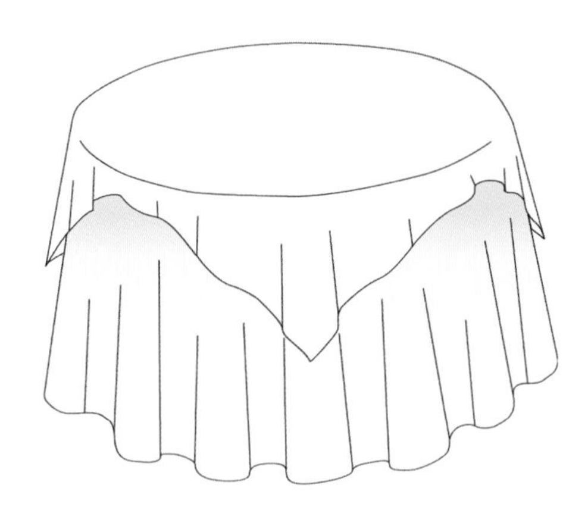

Part Ⅲ

Tea Time

티타임

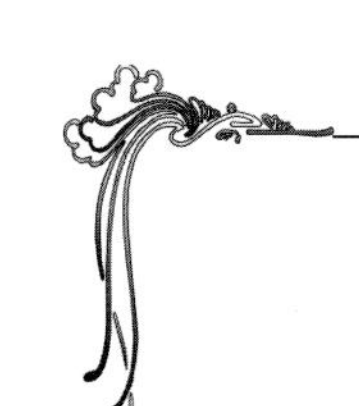

I. 티타임(Tea time)

1. 영국의 티타임

영국은 여러 가지 방법으로 차를 마시는 즐거움이 있다.

차 마시는 시간을 정해놓고 즐기는 것도 차의 나라 영국만의 특별한 생활방식이다.

① 모닝티(Morning tea(Early morning tea))

아침에 눈을 뜨고 차 한잔 마시며 오늘하루를 설계하며 잠에서 깨어나기 위해 마시는 차이다.

따라서 눈을 뜨고 나서 베드 티(bed tea)라 하여 아침식사를 트레이(tray)에 담아서 뜨거운 차와 함께 침대 위에 앉아서 여유롭게 먹기도 한다.

② 일레븐스(Elevenses)

11시에 티타임을 갖는다. 오전에 열심히 일하고 잠시동안의 여유로 한 잔 마신다는 뜻이다.

③ 애프터눈 티(Afternoon tea)

Four o'clock tea라고도 하며 오후 2~3시경을 중심으로 8시경부터 시작하는 저녁시간까지의 사이에 넉넉한 마음으로 즐기는 tea 타임이다.

따라서 차를 대접한다는 것은 이 애프터눈 티 시간이다.

티샌드위치, 스콘 등을 대접한다.

매우 리치(Rich)하며 고급스러운 대접이 된다.

포드 공작 부인 안나 마리아가 차린 다회(茶會)가 영국 일부의 귀부인들과 전국에 전달되어 오늘의 애프터눈티의 발상지가 되었다고 한다.

④ 하이티(High Tea)

고급스러운 요리 또는 사치스러운 티라는 의미가 어원이라고도 하는 하이티는 오후 6시부터 시작한다. afternoon tea와 저녁을 합친 것으로 식사에 가까운 형식의 차시간이다.

따라서 바쁘게 일하는 사람들이 주말저녁에 부부끼리 모여서 시간에 구애받지 않고 리럭스(Reluxe)한 기분으로 즐기는 차이다.

우아한 애프터눈 티와는 달리 편리한 현실적인 티타임이다.

⑤ 애프터디너 티(After Dinner tea)

식후의 차로 밤에 잠들기 전, 잠시동안 책을 본다든지 TV를 보며 즐거운 이야기를 하면서 즐기는 차이다. 이때 허브티를 즐기는 사람도 있다.

⑥ 크리스티닝티(Christening tea)

아기의 세례식후의 애프터눈티로서 양친보다 유모와 함께 처음 맞이하는 티타임으로 건강하게 자라기를 바라는 마음으로 너무 뜨겁지 않은 홍차와 레이스로 곱게 감싼 우유 그리고 꿀을 준비한다. 빅토리아 시대로부터의 관습이다.

도자기 차 세트

2. 차를 준비하는 기구

① 티 포트(Tea Pot)

홍차에 끓는 물을 부어서 향기와 색감 등 맛난 맛이 우러날 때까지 잎을 주전자 속에서 뜸을 들이기 위하여서이다. 커피포트를 준비할 때는 키가 높고 날씬한 모양이 좋다.

② 티 스트레이너(Tea strainer)

차 거르기로 찻잔에 홍차를 부을 때에 필요하며 손으로 쥐고 사용하는 것도 있고 포트에 붙여서 사용하는 타입도 있다.

③ 크리머(creamer)

밀크저그, 밀크핏처라고 부르기도 한다.

④ 슈거볼(sugar bowl)

슈가 포트라고도 한다. 설탕은 규래뉼당을 쓴다. 각설탕일 경우 설탕집게(Sugar Tongue)를 곁들인다.

⑤ 티 나이프(tea knife)

스콘을 옆으로 자른다든지 잼이나 크림을 바르기 위하여 필요하다.

⑥ 티컵(tea cup)과 케익접시(cake dish)

취향에 맞는 컵을 즐기는 습관이 있으며 특히 애프터눈 티를 대접할 때의 컵은 차의 맛을 더욱 기쁘게 한다.

⑦ 티스푼(tea spoon)

홍차에 넣은 우유나 설탕을 저어주는 역할을 한다.

차 거르기(tea strainer)와 모래시계

3. 차를 대접할 때 즐거움을 더하는 도구

① 테이블 클로스(table cloth)와 티 냅킨(tea napkin)

티타임은 우아한 분위기가 우선 필요하다.

식사 때와는 달리 엘레강스하며 엷은 옷감이나 레이스 자수의 장식이 있는 테이블 클로스로 준비한다. 마루까지 길게 내려오는 클로스나 아름다운 언더 클로스도 분위기를 즐겁게 한다. 냅킨은 작은 것을 사용하며 장식의 아름다움을 도와준다.

② 티 서비스와 트레이(Tea service & Tray)

은제의 쟁반 위에 필요한 포트 종류와 슈가볼과 크리머를 세트로 얹는다.

은제품을 쟁반에 얹어놓은 상태로 방에 놓으면 장식을 겸할 수 있다.

③ 주전자(Kettle)

뜨거운 물을 준비하기 위하여 알콜램프와 함께 케틀을 옆테이블에 놓으면 우아한 분위기가 된다.

아니면 홍차를 엷게 하기 위하여 뜨거운 물을 보온병에 넣어서 준비하기도 한다.

④ 티 캐디(tea caddy)

차 넣는 통 즉 차통으로 예전에는 중요한 도구의 하나였으나 현재는 즐기기 위한 장식품으로 앤틱을 갖고 있는 사람도 있다.

1662년 포르투갈의 명문귀족 브라간자 집안의 아가씨 캐서린이 영국의 찰스 2세(1630~1685)에게 시집을 갔다. 그때에 혼수로 가져간 것은 당시로서는 제일 귀중한 순은 제품인 홍차를 넣어서 보관하는 통인 티 캐디(tea caddy)였다고 한다.

그때부터 티 캐디가 유행하였고, 홍차의 잎이 귀하던 시대에 좀처럼 구하기 어렵고 귀한 것이기에 티 캐디에 넣고 자물쇠를 잠그는 것도 있었고, 당시 찻잎은 보석과도 같은 귀중한 것이었다. 또한 혼수품에는 포르투갈 영 브라질에서 생산되는 귀중한 설탕도 가져갔다. 물론 캐서린 공주는 리스본 홍차도 함께였다.

⑤ 케익 스탠드(Cake stand)

케익 스탠드로 어떠한 접시도 얹을 수 있으며 고급스러운 분위기를 연출하기에 편리하다.

⑥ 티 메져 스푼(tea measure spoon)

일인분인 3~5g의 홍차잎을 짐작하는 스푼이다. 티스푼으로도 겸용이 된다.
티 캐디 스푼이라고도 한다.

⑦ 티 코지(tea cozy)

티포트의 차가 식지 않도록 덮어주는 것이다. 특히 겨울은 홍차가 빨리 식기 때문에 덮어주어야 한다. 그러나 은제의 주전자에는 덮지 않는다.

캐틀(Kettle)과 워머(warmer)

⑧ 슬롭 볼(Slop bowl)

남은 홍차를 버리는 그릇이다.

Cake stand

티 세트(tea set), 티 코지(tea cozy)

여왕 메리 2세는 티컵을 즐겼다

17 세기 제임스 2 세(1633~1701 년)가 퇴위하고 딸 메리 2 세(1662~1694)가 여왕이 되었다. 되고 보니 중국에서 수입된 티컵으로 다회를 즐겼다 한다. 이리하여 중국의 자기가 유럽 귀부인들에게 유행이 되어 세블요에서는 중국풍의 인물화, 동물 등의 그림을 새긴 다기가 제작되었다.

당시 프랑스의 베르사이유 궁전에서는 풍파르도 후작 부인에 의하여 로꼬꼬예술이 성행하던 때 프랑스 자기가 번영하면서 영국에도 영향을 미쳐 자기와 함께 차를 즐기게 되었다.

윈저궁에서는 중국제 다기로 다도회가 번영하며 즐기기도 하였다.

3. 빅토리아 여왕이 세계에 전달한 차문화(tea time)

산업혁명의 성공으로 경쟁력이 향상된 영국의 티타임의 효과는 다음과 같다.

귀족들의 취미와 교제를 위하여서만이 아니라 단조로운 작업을 해야 하는 기계산업에서 일하는 노동자 등에게는 티타임이 구세주와도 같은 것이어서 노동력의 활성화에 대단히 중요한 시간이었다.

한잔의 차(a cup of tea)라는 단어가 일상적인 생활화가 되었다.

그 외에 자기들과 같은 시간에 여왕께서도 차를 마시고 있다라는 생각이 국민과 왕실간의 유대감이 생겨 빅토리아 여왕의 인기는 하루하루 높아가게 되었다.

또한 홍차산업의 발달인 본차이나의 출현으로 산업혁명에 의하여 보통사람도 살 수 있는 가격으로 책정된 은기류와 다기는 중산계급의 신흥 지주들에게 꿈과 희망을 주어서 더욱 영국 경쟁력을 높이도록 하였다. 그리하여 빅토리아 스타일이라는 복잡하고도 화려한 장식을 즐기게 되었다.

빅토리아 여왕(1819~1901)과 참새

빅토리아 여왕의 화려하고 우아한 분위기도 흥미롭지만 여왕은 자연을 대단히 아끼고 사랑하였다. 따라서 여왕에게는 다음과 같은 유명한 에피소드가 있다.

그 당시 여왕을 모시고 tea time을 준비하는 것을 최고의 영예로 생각하였다. 어느 날 대부호인 롤스차일드 백작집안의 다회에 초대받은 여왕은 넥크레이스를 떨어뜨렸다. 롤스 차일드가의 사람들은 너무나 당황하여 이리저리 찾는데 정원의 나무에서 반짝이는 것을 보았다.

떨어진 목걸이를 참새가 물어 나뭇가지에 걸어놓은 것이다. 이 일이 있은 후 여왕은 참새를 유난히 좋아하게 되었고, 나비, 꽃, 돌을 더욱 사랑하게 되었다. 헝가리의 유명한 헤렌드요에서는 티세트로서 이 에피소드를 주제로 한 유명한 부루버드 셋트를 만들었다.

양면스크린

4. 홍차를 즐기는 포인트는 3가지가 있다

색채, 향기, 맛이다. 색채는 윤택이 나는 밝고 붉은 색이어야 한다. 진하게 하여도 투명감이 있어야 한다. 맛은 무어라 할 수 없이 포근하면서도 약간의 떫은맛이 있는 것이 특색이다.

불쾌감이 나는 떫고 쓴맛이 나서는 안된다. 향기인 방향은 가장 중요하며, 산지, 시기, 가공기술, 브랜드에 따라 각각 다른 향기를 즐길 수 있는 것이 홍차의 매력이다.

따라서 필요한 지식을 알고 있어야 즐길 수 있는 비결이 된다. 여러 가지 산지 중에 우리가 알아야 되는 3대 브랜드는 다음과 같다.

① 인도의 다질링(Darzeeling)

홍차의 샴페인이라 부른다.
마스갓트와 같은 방향이 특징이다.

② 스리랑카 세이론의 우바(Uva)

장미와 같은 초롱꽃향이 어우러진 상쾌한 떫은 맛이며 누와라에리아와 페인쁘라도 유명하다.

③ 중국의 기문(記門)

갈색에 가까우며 난과 장미를 생각하게 하는 스모키한 향을 가지고 있다.

5. 맛있는 홍차를 위한 기본법칙(golden rule)

① 양질의 찻잎을 사용한다.
② 주전자를 뜨겁게 한다.
③ 찻잎의 분량을 정확히 하고 신선한 끓는물을 사용한다.
④ 찻잎을 뜸들이는 시간을 충분히 한다.

모래시계(hourglass)

퀴어리티 시즌(quality season ; 최상급의 홍차잎을 따는 시기)

일년에 몇 번 찻잎을 따는데 산지에 따라 틀리다. 기후에 따라서도 다르다.

그러나 인도의 다질링 앗삼등은 first fresh, second fresh, autumnal 등 특정한 시기에 수확하고 퀄리티시즌 티라 하여 귀하게 다루어진다.

봄에서 초여름까지를 수확기로 한다.

6. 홍차와 어울리는 과자 즐기는 법

홍차를 맛있게 즐기기 위하여서는 물론 어디까지나 홍차가 주역이다.

따라서 홍차의 맛과 향기를 더욱 즐길 수 있는 과자를 선택해야 한다. 강한 알콜을 사용한 과자나 개성이 강한 재료를 넣어서 만든 과자는 피하도록 하자. 물론 초콜릿도 피하는 것이 좋다. 차가운 빙과도 좋지 않고 소스를 끼얹는 과자도 피하는 것이 좋다.

손으로 집어서 한입 또는 두입으로 먹을 수 있는 과자가 이상적이다.

한입에 먹을 슈크림이나 쿠기종류, 버터케익이나 컵케익 등이 적당하다. 스콘이나 샌드위치도 작게 만들수록 좋다. 여러 가지 집에서 만든 홈 메이드도 좋다. 다만 나이프로 자르면서 먹을 수 있는 것은 피하는 것이 좋다.

엘레강스하게 이야기하면서 즐겁게 홍차를 음미하기 위한 마음 씀씀이가 포인트이다.

7. 홍차의 나라 영국

이 넓은 세상에는 우리보다 잘사는 민족이 있고 또 어려운 생활도 있다. 어쨌든 영국에는 지금도 상류라는 단어가 통하는 계급이 있다. 우리끼리의 생활만 알고 남을 배려하지 못하는 우리의 사고 방식은 잘못된 생각이다. 상대방을 이해하고 배려하는 넓은 시야로 세상을 바라보도록 하자.

영국에는 여왕이 정점에 있다. 왕실이 존재하는 것이다. 귀족이라 부르는 칭호가 있다. 공작(Viscount Marquess), 백작(Earl), 자작(Viscount), 남작(varon)의 순서이다.

다른 귀족으로서는 로드가 있다. 여왕폐하로 받들면서 영국의 전통적인 생활문화로 몸을 가다듬으면서 유지하는 사람들이다.

유럽의 전반적인 양식으로 보아도 의미깊은 존재이다. 귀족들은 봄부터 가을까지는 런던의 타운 하우스(town House)에서 지내고 가을부터 겨울까지는 컨츄리하우스에서 지낸다. 기후가 좋은 봄이 되면 런던에서 윈블던 테니스라든가 윈저의 아스콧드 경마에서 로이알 헨리 레간다를 중심으로 사교계에서 정치 비즈니스 외교를 진행한다. 그러나 메인 하우스는 컨츄리하우스이다.

즉 시골집이 메인 하우스이다.

컨츄리하우스는 격조 높은 순서로 castle, hall, grange, manor house로 구분된다.

메인(main)이 되는 방은 드로잉룸(drawing room)이다. 본래는 파티에서 여성이 퇴장한다는 의미였으나 현재는 손님을 맞이하고 차대접을 하며 이야기를 나누는 방법으로서 응접실을 말한다.

부인의 취미에 맞게 정돈된 가구들과 거울의 장식이 어우러진 우아한 방으로서 아주 편안한 쇼파가 있는 방이다. 오후의 햇살이 듬뿍 비치는 집안에서도 제일 밝은 방이며 잘 다듬어진 넓은 정원을 바라보며 나무와 꽃 등이 계절의 노래를 부르는 소리가 들리는 것 같다.

추운 계절에는 온실(Coneruatory)이라 불리는 유리로 된 따뜻한 온실에서 식물의 향기와 아름다움에 둘러싸여 티타임을 갖는다.

오랑제리라 부르기도 하는 큰 온실에서는 식사나 차모임을 갖는 경우도 있다. 오랑제리는 프랑스에서 시작된 단어로 오렌지나 레몬의 나무를 키우기 위하여 생겨난 말로 과일 나무를 심은 화분을 겨울에도 살리기 위하여 보관하는 온실을 말한다.

이와 같은 오랑제리에 초대하여 티타임을 즐기는 현재는 특별한 사람들의 휴식처라 할 수 있다.

광대한 정원도 상류사회의 심볼이다.

푸른잔디 밭에 큰나무가 있고 양들이 노니는 풍경은 한 폭의 그림이다. 자연의 전원풍경을 설계하고 연출하는 사치스러운 전원풍경은 캐슬 홀(Castle hall)이라 부르는 저택의 자랑인 것이다.

이와 같은 저택의 특징은 당구대가 있는 방, 서재, 길이가 긴 화랑(Long Gallery)이 있어서 그림이나 조상, 잘아는 유명인사의 초상화가 벽에 걸려있어 실내에서 산책이 가능한 곳이다.

영국사람에게는 나무, 잔디, 화초 즉 정원은 영원한 동경의 대상이다. 영국의 본차이나에 화려한 그림이 많이 있는 것은 영원한 동경의 대상을 여러 곳에서 찾고 있다고 생각한다.

장미는 현재 왕조인 웨일즈家를 상징하는 꽃으로 많은 사람들에게서 사랑을 받고 있다.

빅토리아 여왕도 장미를 사랑하였으나 특히 로즈 앤드 리브즈, 즉 잎이 달린 장미를 사랑하였다. 오후의 한때 전통적인 영국의 티타임의 초대에는 어디까지나 자연과 함께 지내는 것이 전제조건이다.

빅토리아 여왕(Victoria, 1819~1901)

영국이 여왕의 나라로 번영을 확고히 하고 대영제국의 이름을 떨친 최전성기로 만든 사람이 빅토리아 여왕의 빅토리아 시대이다.

산업혁명의 진전과 나폴레옹전쟁에서의 승리, 자유무역정책의 성공에 따른 번영과 함께 빅토리아 양식이라고 부르는 예술양식을 탄생시켰고 문예양면의 발전을 가져온 시기이다. 그리스나 고딕으로의 동경이 강하였고, 장식적이고 신비적인 빅토리아 양식의 예술은 건축에 힘이 들어가고, 호화찬란한 것이다.

여왕은 아홉 명의 왕자와 공주를 출산하여, 유럽 각지의 왕족과 결혼시키고 그 인연을 영국의 번영에 이용하게 되고, 여왕의 통치에 관한 대영제국의 발전, 그 원인이 되었다.

그녀의 제위 64년의 긴 세월은 국민의 경애에 둘러싸여 있었다.

여왕은 조지 3세의 4남인 켄트 공인 에드워드의 딸로서 런던에서 태어났다. 어머니는 독일의 작센 고부르크 고다가 출신으로, 아버지 형제들의 자녀가 일찍 세상을 떠나게 되어 왕위계승자가 되었고, 1837년 백부 빅토리아 4세의 뒤를 이어 여왕이 되었다. 하지만 제위기간 번영의 영국에도 아일랜드 독립운동, 식민지의 확대, 노동운동의 움직임이 있었고, 결코 평온무사의 나날만 있었던 것은 아니었다.

데미타스 커피세트

8. 커피의 종류

● **카페오레**(Cafe au lait)

프랑스의 모닝커피인 카페오레는 커피와 우유라는 의미로 커피와 뜨거운 우유를 동시에 컵에 붓는다.

● **카페카푸치노**(Cafe Cappuchino)

이탈리안 타입의 짙은 커피로 우유를 넣고 휘핑크림을 얹은후 계피가루를 뿌린다.

● **커피 플롯트**(Cafe Flloat)

크림커피로 아이스크림이 들어있다.

● **아이리쉬 커피**(Irish Coffee)

커피에 위스키를 넣고 휘핑크림을 얹는다.

Part IV

Tableware & Silverware

식기 및 은기

I. 식기의 식탁 예술

감상하면서 사용하는 엘리멘트

식탁예술에는 즐기기 위한 엘리멘트라는 의미가 포함되어 있다.

많은 종류의 식기를 장만하는 것보다 갖고 있다는 것의 기쁨과 사용하는 즐거움으로 어우러지는 질 좋은 테이블웨어를 갖추는 것을 권한다.

일상생활에서 항상 사용하고 있는 식기 또는 컵 등에는 다양한 모양과 크기가 있다. 용도에 따라 반드시 정해져 있는 그릇도 있으나 여러 가지로 사용 용도가 많은 것이 편리하다.

티컵에 꽃을 꽂는다든지 장아찌 담는 작은 그릇에 잼이나 버터를 담는다든지 여러 가지로 활용하여 사용하는 것도 즐거운 일이 될 수 있다.

식기의 소재

소재는 크게 나누면 자기(磁器, Porcelaine)와 도기(陶器, Faience), 소뼈의 재가 들어간 본 차이나(bone china)로 나눈다.

폴란드의 아우구스트왕(1670~1733)은 연금술사로 하여금 유럽에서는 처음으로 1709년도에 백자의 제조에 성공하게 된다. 이를 계기로 1710년 독일의 마이센요(窯)가 탄생하게 되었다. 이것이 유럽 자기의 탄생이 된 것이다.

백자를 만드는 흙인 카올린이 발견됨에 따라 자기의 보석인 백자가 만들어지게 된 것이다. 계속하여 18세기 프랑스의 반센누에서 세브르요(窯)가 시작되었고, 이는 루이 15세를 기쁘게 하였다. 퐁파도르 후작부인(1721~1767)이 열렬히 후원하였고, 17세기부터 18세기를 거치면서 태양왕 루이 14세(1638~1715)가 사용한 것을 계기로 프로방스 지방의 무스데이예도기인 세구리에요(窯) 등이 귀족들에게 인기를 얻었다. 세구리에요의 뮤지엄에는 지금도 퐁파도르 부인이 주문한 접시가 전시되어 있다.

리모쥬 아빌랜드(Limoges Haviland, France)

도자기의 즐거움은 색채의 아름다움에 있다. 마이센의 스갸다됴 후라워즈의 미르화이유(多色彩)가 감동의 분위기를 자아낸다. 그러나 최초의 마이센에서 보여준 블루 양파(Blue Onion)는 중국의 염료를 잘못 사용한 것이었다.

이태리의 대부호인 메데치가의 카드린느 공주(1519~1589)가 프랑스로 시집오면서 가져온 머리글자가 C인 식기는 블루 앤드 화이트(Blue and White)의 식기로 되어 있으며, 이는 16세기의 프랑스에 테이블 세팅의 필요성을 가져오게 하였다.

중국의 자기는 네덜란드의 동인도 회사를 통하여 유럽으로 들어오게 되었으며 중세에 사용된 청색인 코발트블루는 매우 고가였다. 오스트리아에서는 마리아 테레지아 여왕(1717~1780)이 애용한 아우가르텡(Augarten), 영국에서는 동물의 뼈를 태운 재로 만든 본 차이나의 명문 웨지우드, 도루돈, 스포트 등이 있다.

헝가리의 헤렌드, 독일의 헤기스오 헨브루크, 덴마크의 로이얄 코펜하겐, 프랑스의 레이노 아비랜드, 베르나르드, 이탈리아 리차드 지노리, 그 외에도 각국의 훌륭한 식기가 제조되고 있다.

II. 양식기

Table Coordination

중국에서 발견된 도자기(陶磁器)가 유럽을 건너가 아름다운 그림이 있는 양식기로 탄생하였다. 당시는 왕후 귀족만의 전유물이었다. 유명한 가마(窯)나 전통적인 그릇들은 귀족의 전유물로서 그들의 이름이나 그림들이 지금도 예전과 같이 남아 있다. 그와 같은 식기를 볼 때마다 흘러간 18세기 유럽의 문화를 생각하게 한다.

유럽에서는 자기들의 가구에 동양의 가구를 배치하여 조화롭게 디자인한 인테리어를 흔히 보기도 한다. 우리도 그와 같은 센스를 도입하여 새로운 전통의 조화로움을 탄생시켜 보자. 마음에 드는 옷을 손에 넣으면 나도 모르게 마음이 들떠 기분이 좋아지는데 테이블웨어(Table ware)도 같은 기분이다. 휴일을 즐겁게 보내기 위하여 친구와의 티 파티(tea party) 등에 자기의 마음에 드는 식기로 테이블 코디를 하여 보자. 삶의 청량제가 될 것이다.

1. 오스트리아 아우가르텡(Aufgarten)

마리아 테레지아 여왕은 오스트리아에 크나큰 유산을 남겼다. 그 하나가 아우가르텡인 고급자기이다.

합스부르크가의 지배 하에 있는 빈(wine)에서는 마이센에 이어 유럽 제2의 자기(窯)가 창설되었다. 빈(wine) 요이다. 그 기술 감성은 현재의 아우가르텡 요(窯)에 계승되었다.

대표적인 것이 초록색깔로 장미꽃을 그린 그릇인데, 궁전의 디너 세트(Dinner Set)로서 사용하였다.

아우가르텡의 하나로서 자기인형(figurine)이 있다. 여러 사람의 손에 의하여 만들어지며 합수부르크가(家) 도장이 스템프로 찍힌다. 카올린 점토의 조형틀에서 빼는 시간, 유약, 굽는 요령 등 경험에 의한 감각으로 결정되며. 이것을 사람들은 신의 조화라 부른다.

2. 헝가리 헤렌드(Herend)

1826년 오스트리아 국경에 가까운 헝가리의 헤렌스 마을에서 창설되었고 당시 헝가리는 합수부르크 통치하에 있었다.

헤렌드는 빈의 살롱에서 다듬어졌고, 작품이 왕실귀족에게 사랑을 받게 된 것은 1851년 영국 박람회에서 빅토리아(Victoria) 여왕을 만나서이고, 그후 유럽의 상류사회로 알려지게 되었다.

빅토리아 여왕은 한눈에 반해서 주문하였다. 윈저성에서 사용하는 디너세트로서 왕문이 새겨져 있다.

이후 로스차일드 백작 등 귀족들의 취미에 맞는 작품이 계속 탄생하였고 헤렌드의 예술은 수백년이 지난 현재에 큰 유산으로 남아있다.

3. 이탈리아 리차드 지노리(Richard Ginori)

1735년 가루로 지노리가 토스가나 지방 피렌체에서 시작한 돗지아 요는 이탈리아에서 최초로 도자기의 세계를 확립하였다. 그 도자기는 자연을 모티브로 한 아름다운 그림들이다.

처음에는 귀족들의 주문에 의하여 제작하였으나 19세기초부터 피렌체에 직영점을 개점하여 상업적으로 크게 발전하였다.

1896년 밀라노의 리차드사와 합자하여 현재의 리차드 지노리가 되었다. 그리하여 새로운 감각을 디자인하여 많은 시리즈를 발표하였다.

네오 클래식의 차분한 모양과 색감에 가련한 이탈리아 과일, 들꽃이 춤추는 리차드 지노리는 피렌체 시내에 있는 미술관에는 1745년 작의 메데치가의 비너스와 아르데꼬 양식의 자애, 정의 등의 작품이 르네 라릭크와 함께 전시되어 있다.

4. 영국 웨지우드(Wedgwood)

마이센보다 반세기후인 1759년에 창설되었다. 로꼬꼬에 싫증이 난 고전주의적 교양을 몸에 지닌 죠사이어 웨지우드가 창업 1765년 당시의 왕비 샤를 롯데의 주문을 받고 어용 도공으로 승인을 받은 후 Queens wear를 주문받는 데 성공하였다. 웨지우드 등장 이전에는 여러나라에 비하여 수준 미달이었다.

죠사이어는 예술의 경지까지 다다를 수 있는 세련된 그릇을 꿈꾸며 예리한 기술과 감성으로 그 꿈을 실현한다. 정밀한 레이후를 그려넣은 모양을 위시하여 1765년 여왕 샤롯드로부터 퀸스웨어(Queens wear)로 명명할 것을 허가받은 크림웨어 등 차례차례 명작을 탄생시켰다. 그리고 그후 웨지우드의 대표작으로 소뼈의 재를 섞어 만든 본차이나(bone china)가 탄생하였다. 웨지우드는 지나간 200년 이상을 지나 계속 세계의 인기를 얻으며 사랑받고 있다.

5. 독일 마이센(Meisen)

유럽 도자 역사의 왕자는 역시 마이센으로 동독이었던 드레스덴에 있다.

에르베 강가에 바로크 건축의 걸작이라는 쯔잉가 주인 후리드리히 아우구스트왕(Caeser Augustus)이 이룩한 것이다.

17 세기 동인도 회사를 통하여 전달된 중국과 일본의 도자기는 많은 나라에 분포되어 있었다. 이것은 각국의 왕이나 귀족들의 선망의 대상이 되었고. 금은을 윗도는 보물이었다.

동양의 흰색자기를 독일의 아우구스트왕도 열망하였다.

이와 같은 자기를 연구한 사람은 요한 프리드리히 뵈트거(J. F. Bottger, 1682~1719)이다.

아우구스트 왕은 약재사이며 연금술사인 요한 프리드리히 뵈트거에게 자기 제작을 명명하였다.

긴 시간을 거쳐 1709 년 뵈트거는 드디어 성공하였다.

그러나 아우그스트 왕은 기술이 밖에 새어나갈까 봐 뵈트거를 죄인 같이 성에 가두고 연구만 강요하였다.

다음해 마이센 지역에 공장을 세우고 생산을 시작하였다. 동양 문화의 계승과, 마이센 독자적인 기법으로 자기계를 리드하고 있다. 현재도 도자기류 왕자의 권위와 품격을 유지하며 군림하고 있다.

6. 프랑스 세브르(Seyval)

파리 동남쪽의 지하철 종점에 뽄 돈 세브르가 있다.

1756 년 왕립 요(窯)로서 출발하였다. 리모쥬(Limoges) 시작은 루이 15 세의 애첩이였던 퐁파도르 부인에 의하여 이루어졌다. 당시의 프랑스는 엄격함을 중요시 한 바로크 시대가 끝나고 누구에게도 눈치 볼 필요 없는 즐거움을 만끽하고자 인간성을 찾는 로꼬꼬 문화가 탄생하고 있었다. 로꼬꼬의 특성인 고양이 다리, 사슴다리라 불리는 곡선이 당시의 양식이었다. 현재로서는 생각할 수 없는 형태로 그림의 세계에서도 풍만한 나체와 남녀의 모습, 연애와 불륜으로 장식하였고 생활의 전체가 예술이라고 높이 평가하였다. 이때 세브르요의 대명사인 청색(Blue de Royal)이 탄생하게 되었고 드디어 혁명은 파리의 불빛을 끈다. 그러나 나폴레옹은 세브르의 불을 끄지 않았다. 1804 년 세브르는 로꼬꼬의 퇴폐적인 것을 끝내고, 나폴레옹이 즐기는 고전 로마 양식을 의식한 단정한 양식으로 하여 안삐루 스타일을 선택하여 새로운 시대를 맞이한다. 지금은 세브르를 대통령 요라고 한다.

7. 프랑스 베르나르도(Bernardaud)

1868년 레오다르드 베르나르도가 리모쥬 지방의 알바트 도마에서 창업하였고 나폴레옹 3세의 황비 유제니로부터 주문받은 것을 기회로 크게 발전하였다. 이 모양은 대표적인 시지르 유제니라 하여 오늘날에도 인기를 얻고 있다. 그리고 전통적인 문양이나 꽃으로 시대의 경향에 따라서 식기를 발전, 발표하였다. 1925년 파리국제박람회에서 금상을 받음으로써 세계적인 지명도를 얻었다. 현재 총생산량의 60%를 프랑스 국외로 수출한다.

8. 프랑스 아비란드(Havirand)

1766년 프랑스 중서부의 고도 리모쥬에서 아비란드(Limoge Havirand)가 탄생되었다. 빛이 보일 정도로 엷은 자기의 그릇을 보고 그릇을 만들 생각을 하게 되었고 3년 후에 아비란드요가 탄생하였다.

그후 나폴레옹 3세의 황비 유제니로부터 디너세트 주문을 받고 제비꽃 모양의 그릇을 진상하여 대표작이 되었다. 따라서 이 그릇은 제비꽃 유제니의 다른 이름으로 부르기도 하며 지금도 인기가 있다. 1925년의 파리국제박람회에서 금상을 받음으로써 세계적인 지명도를 얻었다.

9. 덴마크 로얄 코펜하겐(Royal Kofenhagen)

덴마크요(窯)의 역사는 덴마크의 보른 호른 호르므 섬에서 양질의 카올린 점토를 발견하였기에 1755년 여걸인 크리스찬 7세의 비 쥬리앙 마리 황대후의 간청에 의하여 왕실요로서 시작되었다.

그리하여 1779년 국왕의 원조를 받아 왕립 자기요가 되었으며 1868년부터 민간 경영이 되어 현재의 로이얄 코펜하겐요가 되었다.

당시 덴마크를 통치하던 러시아의 예카테리나 여왕에게 헌납하는 품목으로서 덴마크의 꽃이라는 뜻으로 후로라 다니가를 탄생하였다.

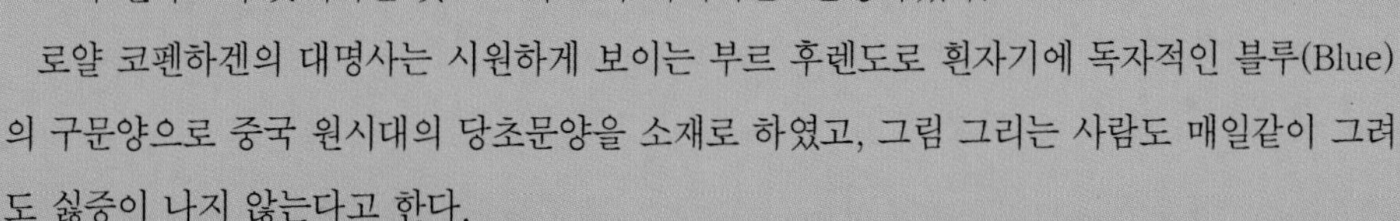

로얄 코펜하겐의 대명사는 시원하게 보이는 부르 후렌도로 흰자기에 독자적인 블루(Blue)의 구문양으로 중국 원시대의 당초문양을 소재로 하였고, 그림 그리는 사람도 매일같이 그려도 싫증이 나지 않는다고 한다.

컵 하나 그리는데 1200번 이상의 붓을 옮긴다 하며 송아지의 귀 안쪽의 털을 쓴다고 한다. 그림 그리는 사람은 189명으로 그 중에서 남자는 한 사람뿐이다.

지금 유럽의 요는 여성 화가로 꽉 차 있다고 한다.

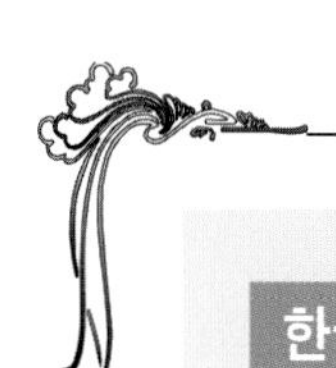

한국의 도자기

우리 조상들은 신석기 시대부터 토기를 만들어 사용했다. 초기에는 손으로 빚어서 형태를 만들었으나, 그 후 물레를 이용하여 빠르고 모양도 좋게 만들었다. 아울러 토기 표면에 무늬를 만들기도 하고, 불에 구워 물을 담아도 풀어지지 않게 만들어 사용했다. 이 시기의 토기는 제작 기술이 발달하지 못했던 관계로 모래가 많이 섞인 흙을 썼고, 화도도 섭씨 800도 내외에서 구워낸 것이기 때문에 흡수성이 많은 것이 특징이다. 이렇게 구워낸 것이 빗살무늬 토기이며 좀더 발전한 것이 무늬 없는 토기인 민무늬토기이다.

무늬 없는 토기는 청동기시대에 나타났으며 그 시대의 토기는 모래가 많이 섞인 거친 그릇을 만들어 사용하였다. 이러한 토기는 실용적이고 모래가 많은 만큼 단단하고 양도 많아 그 시대에 많이 쓰였고, 제작 과정에 있어서 무늬 없는 토기는 태토의 가는 모래를 섞어 튼튼하게 만들었다.

석기는 신라와 가야 때 우수한 발전이 있었고, 섭씨 1200도를 웃돌며 환원 번조한 아주 튼튼한 토기이다. 이러한 치밀질에 가까운 토기에 잿물인 회유를 입혀서 회유 토기가 만들어지고 회유토기의 단계에서 청자와 백자로 이어진다. 치밀질 토기는 청자, 백자와 같이 계속 이어졌지만 고려 이후로 점차 쇠퇴하게 되었다. 이유는 청자와 백자의 수요는 증가하였으나 토기의 수요는 급격히 줄어들었기 때문이다. 그러나 토기는 토기대로 용도에 따라 자기와는 다른 사용하기 편리한 특징을 가지면서 발전하다가 조선 초에 지금의 항아리의 모습이 나타난다.

이처럼 한반도에서 토기의 제작은 신석기시대인 7~8천년 전부터 토기를 만들어 사용하기 시작하여 초기에는 도기, 석기를 만들어 사용하였으나 9세기 전반 중국과의 활발한 무역을 통하여 청자 제조기술을 받아들임으로써 토기 문화권을 벗어나 자기 문화권으로 진입하게 되었고 특히 당시에는 자기를 생산할 수 있는 나라는 우리나라와 중국, 베트남 정도 밖에 없었으며 우리나라의 자기는 조형이 독창적이고 양질인 우수한 자기였다. 그 후 통일신라시대부터 만들기 시작한 청자는 12세기 고려시대로 접어들면서부터 발전하기 시작하여 당시 중국에서는 "고려청자의 비색은 천하제일" 이라고 할 만큼 세계에서 가장 아름다운 우리만의 독창적인 자기를 생산하게 되었다. 당시 귀족중심의 불교국가인 고려시대의 영향을 받은 청자는 그 화려함과 세련됨으로 많은 걸작을 남기고 고려시대 후기를 정점으로 점차 사라져 가게 되면서 조선의 멋인 분청사기와 백자가 등장하게 되고 아울러 생활과 밀접한 용기로써 자리잡게 된다.

한국 도자기
박영숙요
광주요
광주요
광주요

일 본

노리다케(Noritake)

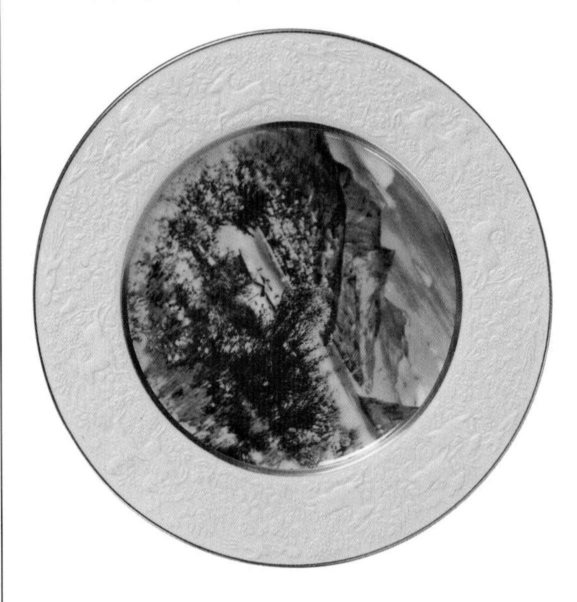

노리다케(Noritake)

노리다케(Noritake)

노리다케(Noritake)

노리다케(Noritake)

오쿠라(Okura)

오쿠라(Okura)

니꼬(Nikko)

미카사(Mikasa)

코리안(Korin-an)

유 럽

아우가르텡(Aufgarten, Austria)

베르나르도(Bernardaud, France)

아우가르텡

레파르쥐(Lafarge, France)

아우가르텡

크리스토플(Christofle, France)

리모쥬 아빌랜드(Limdges Hauirand, France)

슈만(Schuann, Germany)

로얄 코펜하겐(Royal Copenhagen, Denmark)

리차드 지노리(Richard Ginory, Italy)

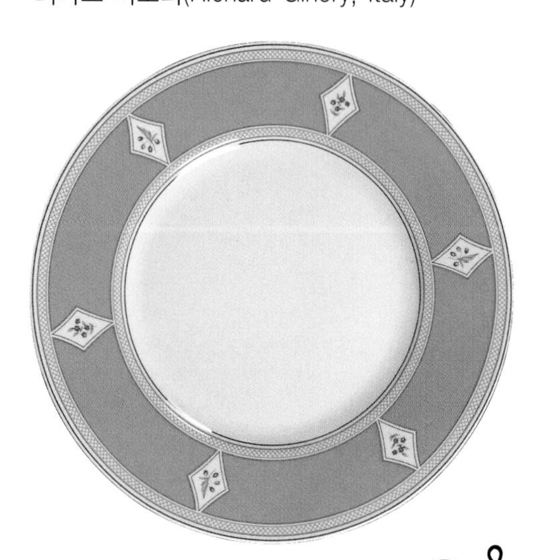

빌레보이 앤드 보흐(Villevoy & Boch, Germany)

리모쥬 아빌랜드(Limoges Havirand, France)

니나리찌(Nina Ricci, France)

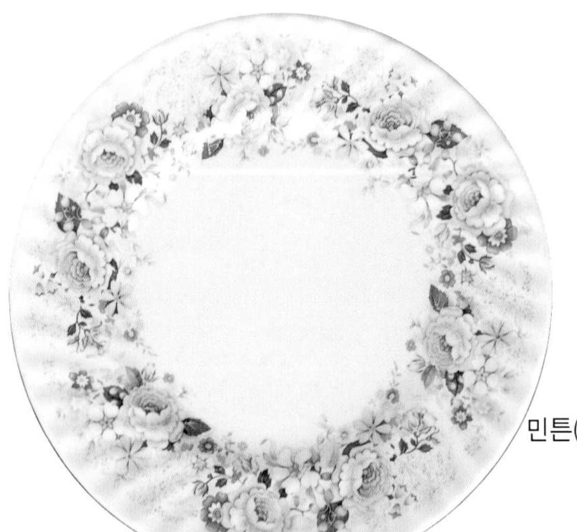

민튼(Ninton, England)

리모쥬(Lemoges, France)

빌러로이 앤 보흐(Villeroyl Boch, Luxembourg)

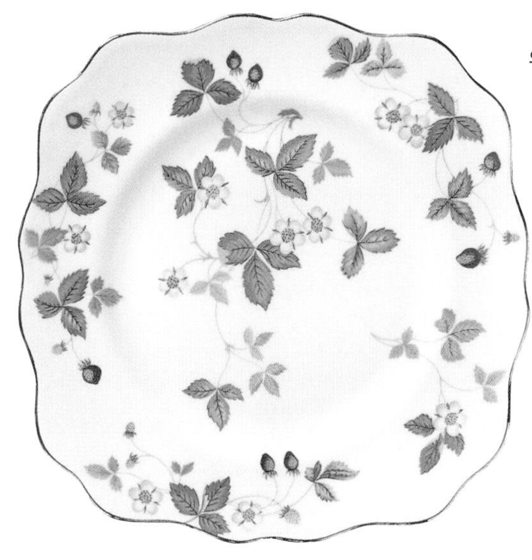

웨지우드(Wedgwood, England)

애인슐리(Aynsley, England)

마이센(Meisen, Germany)

Ⅲ. 은기(Silver)

순은(argent massit)과 은도금(metal argente)이 있다.

순은 제품은 프랑스에서는 925/1000 에서부터 950/1000 의 은의 함유량을 말한다. 한국의 경우 밥그릇은 독성물질이 있는 경우 구분이 빨리 나타나도록 하기 위하여 990/1000, 수저는 800/1000 의 함유량을 가지고 있다.

영국에서는 925/1000, 이탈리아에서는 800/1000 을 함유하기도 한다. 이외에도 이것을 심사하는 분석소의 마크, 제조된 년호의 마크, 메이커 마크 등이 적혀있므로 이와 같이 하여 재산으로서의 가치도 명확하게 된다. 홀마크를 빨리 이해할 수 있는 것으로 간단하게 조사하는 것이 가능하다.

특별한 고가의 은제품이 다양하게 제조되고 있지만 프랑스의 샤를 · 크리스토플(1805~1863)이 10~30micron 의 은을 사용하여 만든 은기는 나폴레옹 3 세의 호화찬란한 만찬에서 사용되면서 곧바로 큰 인기를 불러일으켰다.

이탈리아 제품은 지적이고, 영국제는 무게있는 질감으로 느껴지는 것이 많고, 프랑스 제품은 가벼우면서도 우아한 분위기의 특징이 있다.

1. 은기는 커틀러리에서부터 시작된다.

서양에는 '은수푼을 물고 태어난다'는 말이 있다. 좋은 집안에서 태어났다는 말이다. 일상적인 삶의 레벨은 매일 사용하는 커틀러리에 대한 질의 가치가 기준이 된다고 한다.

일반여성이 결혼할 때 우선 준비하는 것이 커틀러리이다. 품질의 질을 따지기 전에 자기의 능력에 맞추어서 좋은 것을 사는데 먼저 스타일을 보고 결정한다. 한번에 세트를 구입하지 않아도 결혼기념으로 선물을 해주실 분에게 품목을 드려서 그 물품의 구입처인 상점을 지정하여 구입하도록 하는 것도 하나의 방법이다..

그 외에도 생일기념이나 결혼기념일 때가 돌아오면 부부가 합심하여 1~2 개씩 사서 모은다면 더욱 뜻이 있는 가치를 얻을 것이다. 커틀러리란 인생에 있어서 그리도 중요한 것이다. 우리의 건강을 지켜주기 위한 식사의 도구이기 때문이다.

2. 은제품의 즐거움, 티 서비스(Tea Service)

다음으로 여유가 있다면 실버티 서비스라고 불리우는 커피나 홍차용 주전자, 크리머, 슈가볼, 쟁반까지의 5 점을 갖추어 방에 놓고 장식한다는 것은 모든 사람들의 꿈이자 희망이다.

3. 기타

은제품은 커틀러리와 실버티 서비스 외에도 많은 제품이 있다.

장식접시는 가장 널리 애호되어지는 디너의 상징이다.

그리고 스프볼은 식탁장식으로도 겸하고 있다. 국자류, 서버, 포도 자르는 가위, 특수한 스푼, 식탁 장식의 소품과 소금통, 냅킨 링, 이름표 등 가까이 있는 물건부터 특별한 날에 사용하는 물건까지 은의 질 뿐만이 아니라 디자인의 선택에도 세심한 신경을 쓴다. 이렇게 하여 한 개씩 손에 넣게 되면 식탁의 즐거움이 더하게 된다.

시집갈 때의 혼수품 1호로 은기야말로 가장 경제적이라고 할 수 있으며 어느 분위기와도 잘 어울린다.

4. 은기의 발달

고대 이집트에서부터 시작되었으며, 프랑스와 영국은 15세기부터 한국은 무열왕릉에서 청동수저가 발굴되면서부터 은수저 시대로 오게 되었다.

고대 로마에서는 달(Luna)이 은의 상징이었다.

수저가 먼저 발달하였고, 다음이 나이프, 포크로 발전되었으며 일반인이 은기를 사용하게 된 것은 175년 전이다.

현재와 같은 포크를 사용한 것은 이탈리아의 16세기 프로렌스의 명가(名家)인 카트린느 드 메데치(Catherine de medicis) 공주가 프랑스의 앙리 2세에게 시집갈 때 요리와 함께 전달되어 발전시킨 것이다.

서양에서도 어린아이가 태어나면 은스푼 세트와 컵을 선물한다.

5. 은기의 구분

영국제품과 프랑스제품으로 크게 나뉜다.

영국제품은 커틀러리의 앞쪽에 문양이 있고, 프랑스 제품은 뒤쪽에 문양이 있어 세팅할 때 뒤집어 놓는다.

6. 은기의 구입방법

영원히 사용한다고 생각하고 구입하는 것이 좋으며, 일시적인 흥미보다 유서 깊은 상점에서 싫증나지 않는 것으로 선택한다. 이때 너무 조각이 많은 것은 닦는 일에 너무 수고가 많이 들고, 너무 단순하면 멋이 없으므로 선택하는 안목이 필요하다.

나이프와 포크는 중형으로 20~23cm가 무난하다.

7. 은기의 손질

은기는 광택이 중요하다. 손님 초대시는 전날 물기 있는 부드러운 헝겊이나 융으로 닦거나 은기 닦는 전용 세제를 이용하여 닦아둔다. 사용하지 않을 때는 후란넬이나 랩에 싸서 보관하여 변색되는 것을 막는다.

식초 음식은 담지 않도록 하며 쟁반은 식탁의 연장이므로 소형의 도일리를 깐다.

크리스토플 커틀러리 세트(Christofle cutlery set)

은기 차세트
(프랑스 크리스토플 제품)

8. 실버 티 서비스(silver tea service)

차를 대접하는데 꼭 필요한 기구는 티 포트, 커피포트, 슈가볼(sugar bowl), 크리머 그리고 티서비스츄레이(tray)로 이것을 총칭 실버티 서비스 부른다.

이것들은 식탁장식을 겸해서 식탁의 엘리멘트이다. 은근한 빛을 내는 은제품의 티 서비스는 서양사람들의 필수품이면서 실내장식으로도 즐겁다. 아름다운 물품을 보면서 손님하고도 함께 나누는 즐거움이 있다.

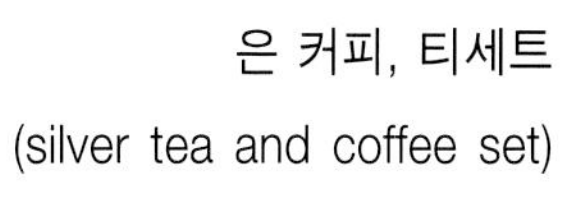

은 커피, 티세트
(silver tea and coffee set)

상어알 담는 그릇
(Cavier set)

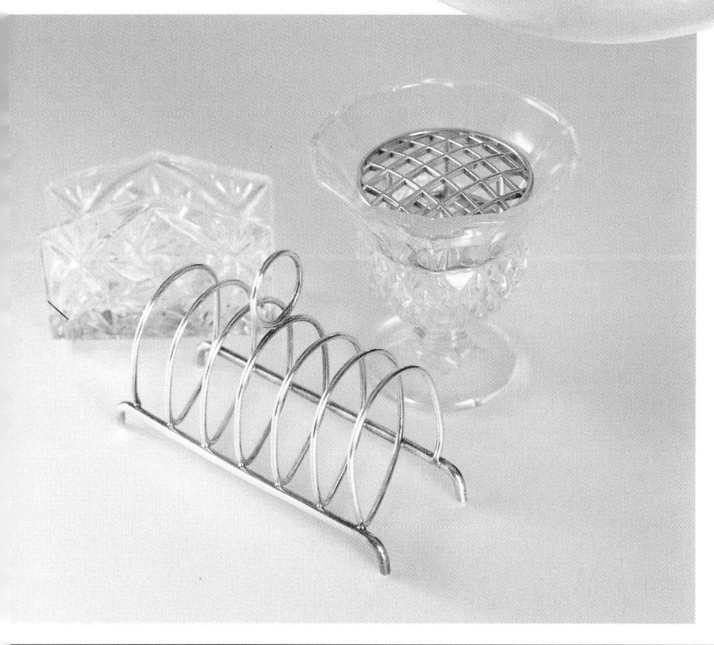

냅킨꽂이, 식빵꽂이, 꽃병

9. 한국의 은기

우리나라도 예로부터 은(銀)은 독에 대해 민감한 반응을 보인다 하여 상류층에게 인기있는 식기로 사랑받아 왔다. 특히 수라상 등의 궁중음식은 은기로 하여 내는 경우가 많았고, 이러한 관습은 현재까지 이어져 웃어른을 모시거나 중요한 자리에서 은기를 사용하면 격식을 높이는데 유용하게 활용할 수 있다.

신선로와 밥그릇, 수저받침과 숟가락, 젓가락

구절판

구절판은 은기 또는 목기로 만든다. 8가지 요리를 담아서 중심에 있는 밀전병에 요리를 싸서 먹는 것으로 전채용이라 할 수 있다.

Part V

Characteristic of Table

테이블의 특징

I. 식탁사와 예술양식의 흐름

번영하며 세계를 리드하는 능력 있는 국가는 언제나 어느 시대에서나 있게 마련이다.
이와 같은 영화로운 시대에는 언제나 정치나 비즈니스를 위하여서도 개인적으로 식사외교가 필요하게 된다.
동시에 세계적으로 주목받으며 많은 사람들이 그 나라를 목표로 하여 어떻게 하든 가까이에 가려는 포부를 가진다.
따라서 예전에는 유럽 역사의 흐름이 식탁예술의 역사를 탄생시켰다. 오늘로 이어지는 식탁사는 중세 이탈리아를 시작으로 18세기의 프랑스 베르사이유 궁전에서의 브루봉 왕조가 중심이 되어 발전하였다.
그 후 20세기 초의 아메리칸 드림이 현재를 지탱하고 있는 것이다.
전쟁으로 잠시 중단되었으나 오늘날 유럽의 식탁예술은 역사의 흐름이 남긴 장식미의 다양함을 마음대로 선택하여 자기의 개성을 살려 자유로이 테이블 세팅을 하며 즐기고있는 시대가 되었다.

1. 양식미를 갖추는 최고의 미학

5가지 엘리멘트의 양식이 갖추어져 있어야 하며 보았을 때 통일성이 있으면 품격이 있고 차분하게 다듬어져 보인다. 반대로 각각의 엘리멘트가 아주 비싼 것이다 하더라도 서로의 경향이 각각 틀리는 것을 진열하면 뒤죽박죽 잡동사니와 같은 인상을 주게 된다. 그리고 덮어놓고 비싼 것만 진열하면 벼락부자 같은 분위기를 준다.

자기가 좋아하는 것 1가지를 선택하면 그것에 맞추어 한가지씩을 모으면 식탁의 스타일이 다듬어지는 것이다.

기본의 엘리멘트뿐 아니라 모든 장식이 하나의 흐름이 되도록 우아하고 멋진 조화로 연결된다면 보다 멋있는 테이블 세팅이 되는 것이다. 엘리멘트의 질과 관계없이 우선은 하나의 흐름이 되는 경향을 맞추도록 한다.

2. 테이블 세팅의 양식(Style)

① 르네상스 양식(Style Renaissance)

이탈리아의 카트린느 드 메네치(1519~1589년 ; Cathrinne de Medicis)가 프랑스의 프랑소아 1세의 2남 앙리 2세에게 시집갈 때에 혼수로 가져간 식기나 커틀러리에서 보여지는 양식이다. 식물의 디자인이 많고 고대 그리스 로마에서 유래한 것도 있으며 모티브는 풍년의 피리 등이 있다. 프랑스에서는 루이 13세 스타일이라 한다.(Le style Louis XIII)

② 바로크양식(Style Louis XIV)

루이 14세(1638~1715)의 스타일로 바로크는 개성있는 진주라는 의미이며 호화스럽고 장엄하고 격조 높은 것을 표현한다. 모티브로서는 남성의 얼굴, 아칸사스의 잎, 꽃을 엮어 만드는 망, 조개, 태양 등이 있으며 대칭으로 장식한다.

③ 레잔스 양식(Style Regence)

루이 15세의 섭정 오르레앙에 의하여 이루어진 것으로 장식적이고 우아함을 강조하였으며 베르사이유궁을 지었다.

④ 로코코 양식(Style Rococo)

루이 15세의 애첩 퐁파르도 부인의 제안에 의한 것으로 여성적이고 화려하며 곡선적이고 풍요로운 양식이다.

⑤ 네오 크라식 양식(Style Louis XVI)

루이 16세 양식으로 여왕 마리 앙트와네트(1755~1793)가 좋아한 스타일이다. 모티브는 땋은 리본 모양, 진주, 양의 머리, 엮은 꽃, 주물 등이 있다.

⑥ 엠파이어 양식(Style Empire)

나폴레옹 1세 양식으로 조세핀을 상징하는 장미. 모티브는 N자, 백조, 아칸사스, 별 등이 있다.

⑦ 왕정복고양식(Style Louis phillpe) 루이 필립시대

시민계급인 부루조아가 즐기던 양식으로 가정적이며 로맨틱하고 우아한 장식예술을 보여준다.

샤를르 10세부터 루이·필립의 시대인 1814년부터 1830년 까지의 시기에 이루어진 양식이다.

⑧ 나폴레옹 3세 양식(Style Napoleon III)

제2차 왕정시대 나폴레옹 3세(재위 1852~1870)의 모티브로서 그리스 신화, 인디안 아프리케의 테이블 클로스등이 있다.

⑨ 아르누보 양식(Style Art Nouveau)

1880년대 로꼬꼬의 양식이 다시 오게 된다. 옅은 색 식물의 연결된 모양 등이 보여진다.

⑩ 아르테코 양식(Style Art Deco)

1925 전후의 양식으로 직선이며 기능주의. 도형화, 다색화를 보여준다.

⑪ 현대

1950년 이후 각국에 연대별로 자유롭게 나타나고 있다.

3. 양식미에 대한 현재의 경향

명품을 선호하는 일류품에 대한 감각이 정돈되고 세계적인 품질의 보편적이고 고급화된 식탁의 엘리멘트를 선택하려는 기운이 높아졌다.

프랑스의 우아한 양식미를 사랑하고 그 중에서 하나의 양식을 선택하여 스타일의 통일을 이루는 매력에 뿌리깊은 지지가 있다.

한쪽에서는 고 미술품에 대한 동경심과 이탈리아 붐이 가세하여 양식미에 얽매이지 않고 자유스러운 창작을 즐기는 사람들이 많아졌다. 따라서 백색시대라고도 하고 간소한 캐주얼이 선호되는 새로운 경향도 탄생하고 있다.

사람으로서 살아가는 방법을 이야기하는 것이 식탁예술이다. 역사가 만들어낸 가치를 바로 보는 눈과 마음이 되어 아름다운 생활을 즐기도록 하자.

II. 색 채(Color)

1. 식탁의 색채

현재 우리는 넘치도록 다양한 색채 속에서 살고 있다. 그런 중에서 식탁에 대한 색채를 선택해 보도록 하자. 식사를 한다든지 차 한잔을 마시는데 어떠한 색깔이 우리로 하여금 가장 쾌적한 감각을 느끼게 하는지를 생각해본다.

특히 하루 세 번의 식사 외에도 드링크 등을 맛있게 즐길 수 있는 분위기를 연출할 수 있는 색채에 대하여 세심한 배려를 하지 않으면 안된다. 사람은 정신적인 부분에 크게 좌우되며 기분에 따라 맛있는 음식을 더욱 맛있게 느끼게 되는 것이다.

반대로 기분이 언짢을 때에는 아무리 좋은 것도 즐거운 기분을 느끼지 못하는 것이다.

감정을 자극하는 일이 없어야 하며 시간, 장소, 목적에 더하여 식탁의 엘리멘트를 맞추어서 전체적인 연출을 하도록 하자.

이렇게 하여 식탁의 색채를 다듬어서 멋진 식탁을 만드는 데 성공하도록 한다.

2. 테이블의 색채

테이블 클로스를 덮은 식탁과 테이블의 재질을 살리는 테이블은 색채의 쓰임새가 전혀 다르다.

식탁이 종려나무나 호두나무, 마호가니로 된 것 등 소재가 상급재목인 경우에는 테이블 클로스를 덮지 말고 바로 테이블 위에 세팅을 하는 것이 최고의 대접이 된다. 나무로 된 테이블 위에 바로 테이블 세팅을 하는 경우 각자에게 매트를 놓고 세팅을 한다.

전체의 식탁 색감이 커피색인 경우 이색을 기본으로 하면 중후한 분위기가 되어 어른 접대에는 최상이 된다. 장식은 금은 제품의 영롱한 광택이 아주 고급스럽게 어울리며 소재 그 자체가 갖는 색이 멋지게 어울린다.

밝은 색감을 즐긴다면 디너접시나 그림에 있어 밝은 색을 선택한다.

사용하고 있는 색감과 식탁 위에 놓여있는 캔들의 색을 맞추는 것이 기본이다.

① 테이블 클로스와 식기는 동색으로

테이블 클로스는 기본적으로 백색이다.

클래식스타일의 만찬에서는 바닥까지 내려오는 긴 테이블 클로스를 덮어서 엘레강스하게 보이도록 한다.

식탁 전체를 세련되고 아름다운 색채의 조화로움으로 이끄는 최대의 비밀은 테이블 클로스의 색깔과 상위에 세트하는 디너(dinner) 접시의 색을 같은 색으로 갖추는 일이다. 또는 디너 접시에 쓰인 색 중에서 한가지 색감을 테이블 클로스로 선택한다.

② 색채를 어울리게 하는 종류

식탁전체의 색감 사용법에는 크게 나누어서 2종류가 있다.

여러 가지 색깔을 어울리게 하는 법과 한가지 색깔을 진하고 흐리게 배치하는 것이다.

● 밀 후루 스타일(Mille Fleur)

여러 종류의 색을 합하는 것을 일반적으로 밀 후루라 한다.

1000종류의 꽃이라는 의미로서 여러 가지 틀리는 색의 꽃을 장식하는 방법으로 꽃 다루는 방법에서 나온 말로. 18세기에 한창 번창하는 자기의 그림을 그리는 방법에서 나온 말이다.

가느다란 5가지 색깔의 리본을 냅킨에 장식하기도 하며 식탁 장식으로 사용하는 것도 좋다.

디너접시의 식기의 중심에 또는 전체적으로 분산하여 밀 후루가 그려져 있는 경우 식탁화도 그것에 맞추어서 밀 후루로 다듬는 것이 일반적이다. 그러나 식탁화의 인상이 너무 강하면 고급스러운 식기에 그려져 있는 그림의 색채를 감상 할 가치가 높은데도 불구하고 효과가 약하게 된다.

그와 같은 경우 꽃을 쓰지 않고 식물인 푸른색을 식탁화로 연출하는 것도 멋있는 일이다.

● 톤 투 톤(ton to ton, ton sur ton)

단색채로 농담을 겹치는 색조는 무난하게 어울리면서 심플하다. 개성이나 목적에 어울리는 식탁의 분위기를 연출하기 쉽고 현재 많이 쓰이고 있다. 톤투톤의 경우 색채의 선택이 중요한 포인트가 된다.

③ 역사적 정신적 의미를 갖는 색감

유럽의 식탁예술에서는 청색(BLUE)이 매우 많이 쓰이고 있으며 귀중한 색으로 다루고 있다.

베네치앙 글라스도, 루이 15세 시대 퐁파르도 후작부인에 의해 널리 알려진 로코코의 그림에도 블루에서 시작하였다. 이것은 중국에서 건너온 남색 동양식기의 영향이라고 한다.

16세기 유럽 최대의 부호 메데치가의 카트린느 드 메데치 공주가 프랑스의 앙리 2세에게 시집을 갈 때 메데치 블루의 식기 세트를 혼수로 가지고 갔다.

귀중한 코발트를 사용하지 않으면 아름다운 블루가 탄생하지 못하기 때문에 코발트는 매우 비싼 것이었다. 블루가 선호되는 것은 12세기 최대의 고딕건물인 프랑스의 샤틀르 대성당의 스탠드 글라스에 그려져 있는 성모의 의상이 블루로 표현되었으며 아름다움 이상의 색이었기에 이것이 큰 영향으로 작용하였다.

마음의 편안함과 하나님을 표현하는 색은 우주의 자연색인 블루라 표현되어 미켈란젤로를 시작으로 많은 예술가들이 사용하였다.

④ 계절감이나 취향을 살린 색채를 자유롭게 사용

봄 : 핑크, 희망으로 가득찬 봄에는 미래를 향한 엷은 핑크가 잘 어울린다.

여름 : 초록색이나 파랑색의 사용으로 시원함을 느끼게 한다.

가을 : 낙엽과 가을을 상징하는 갈색 계통색이 잘 어울린다.

겨울 : 붉은색 계통을 사용하여 따뜻함을 느끼게 한다.

테이블 세팅(Table setting)에는 개성이나 취향을 잘 표현하도록 한다.

계절감을 조금 앞서 표현하고 신선한 이미지로 세팅한다.

①

②

③

④

봄 / 여름 / 가을 / 겨울 세팅

Ⅲ. 각 나라의 식탁 특징

1. 각 나라 식탁의 특징

각 나라 각 민족에 따라 그 나라의 독특한 산물 즉 재료를 사용한 요리법이 있고 여기에 따라 이색적인 식문화가 형성되고 있다.

요리는 풍토와 기후에 따라 좌우된다. 이것은 나라전체가 같은 것이 아니고 풍토에 따른 차이도 많다.

가정에서의 손님접대는 그 나라 그 지방의 독특한 요리로 대접하며 각각의 개성을 즐긴다.

독일은 저녁에 차가운 햄(ham) 과 흑빵이 나온다. 지방에 따라서도 틀리지만 감자 경단 같은 것이 들어 있는 따뜻한 수프, 고기, 생선 요리가 점심식사에 대접되고 양배추절임인 싸와 크라우트는 절대로 빠지지 않는다.

영국은 로스트 비프(beef)와 곁드림으로 요크샤푸딩 그리고 훈제연어(smoked salmon) 등이 나온다.

오스트리아는 윈너 슈닛츠르에서 소세지 감자 등이 나온다.

이와 같이 옛날부터 전해내려 오는 대표적인 요리가 있고 그 요리에 어울리는 식사의 엘리멘트가 있다.

가정요리로는 각 가정에서 각자의 자랑스러운 요리가 있고 국가적으로는 국제적 입장에서 정식 식사를 할 때 프랑스 요리에 가까운 프랑스스타일의 Table setting 을 하여 대접한다. 일본도 아주 훌륭한 일본요리가 있으나 각 나라의 원수를 대접하는 회식행사인 궁중의 만찬회나 수상관저에서의 회식에서는 프랑스 요리와 와인으로 정통의 Table setting 에 의하여 대접한다.

때와 장소에 따라서 프랑스식으로 하든지 또는 각 나라의 독특한 스타일로 대접을 하든지 구별을 명확하게 할 필요가 있다.

각 나라에서 일류라고 하는 식사는 프랑스식이 되는 경우가 많다. 그것은 프랑스 Table setting 이 역사적으로 인정받으며 국제적으로 통용 되기 때문이다.

2. 각국 만찬의 특징

각 나라에 따른 정찬의 차이와 특징을 알아야하는 필요가 있는 것은 국제적으로 공식화 된 프랑스식 테이블 세팅도 각 나라에 따라 다소의 차이점이나 특징이 있어 보이기 때문이다.

① 영국의 테이블세팅

테이블 클로스를 덮는 것을 중요시하는 프랑스식에 비하여 영국식 최고의 테이블 세팅은 테이블이 갖고있는 재질의 좋은 것을 자랑하는 측면에서 테이블 클로스를 덮지 않고 바로 식탁을 보여주는 면이 있다.

또는 테이블클로스를 덮는 경우도 다마스크의 백색을 기본으로 하며 다른 색은 사용하지 않는다.

인기있는 빅토리안 양식의 테이블세팅은 빅토리아 여왕의 스타일이 계승 된 것이다.

공간을 될 수 있는 대로 채우며 장미의 부케 등을 장식하는 스타일이다.

또 프랑스에서는 금은 세공으로 된 조각같은 것을 1개 정도 테이블 중앙에 놓은 경우도 있는데 영국에서는 식탁 장식을 많이 진열하는 접대가 일류라고 생각한다.

② 이탈리아의 테이블세팅

16세기 이탈리아에서 프랑스에 건너간 커틀러리를 매우 중요시하게 생각하는 정식테이블세팅이다.

가정요리로서 파스타를 중심으로 한 커틀러리의 테이블 세팅에서는 파스타용 포크를 나이프 오른쪽에 놓는다. 이탈리아에서도 정찬이 되면 나이프의 오른쪽에 수프용의 테이블 스푼을 세트한다.

이탈리아는 식탁예술의 발상지이며 역사가 깊기 때문에 세월의 흐름을 상징하는 오래된 것에 무게를 두는 경향이 있다.

③ 아메리칸드림의 식탁예술

19세기로부터 21세기까지의 미국은 대단한 파워를 가지고 있으며 파티(party)가 매우 번성하였다.

티파니사를 통하여 유럽에서 여러 가지 식탁예술에 필요한 제품들을 구입하여 하나의 시대를 이루었다.

식탁의 엘리멘트는 대체적으로 프랑스나 그리스 스타일로 통일하는 것이 아니라 예를 들어 글라스는 프랑스, 은기는 영국, 식기는 독일 이와 같이 자기가 좋아하는 제품의 엘리멘트를 각국에서 선택하는 습관이 생겼다.

역사는 없어도 반듯한 선택의 안목이 있다는 것도 큰 자랑으로 생각하였고, 지금은 이와 같은 방법이 전세계의 사람들이 실행하는 방법이 되었다.

IV. 드링크

1. 화려한 드링크의 연출

식전주 · 식중주 · 식후주 · 와인 · 축배의 샴페인 등 여러 가지 party 나 날마다의 식사에 있어 드링크는 없어서는 안될 음료가 되었다. 자기가 좋아하는 술을 즐기는 것을 인생최대의 즐거움이라 생각하는 것은 당연한 일이지만 몸이 불편한 경우를 제외하고는 대접받는 자리에서 권하는 경우 기쁘게 받아서 마시며 서로의 관계를 돈독하게 하는 것이 좋다.

술은 서로 권하면서 분위기를 조성하여 모두를 즐겁게 하는 역할을 한다. 특히 축하의 샴페인은 한 모금이라도 넘기면서 축배에 참가하는 예의가 필요하다.

술과 글라스(glass)의 밸런스도 매우 중요하다.

술의 종류에 따라 글라스도 맞추어 선택하게 된다. 와인은 아름다운 붉은색을 즐긴다. 따라서 두께가 있는 커트 글라스(cut glass)나 색깔이 있는 글라스보다 엷고 투명한 글라스 와인을 선택하도록 한다.

와인을 캔들의 불빛에 비추어 가며 병에서 데칸다에 옮겨 넣는 것은 색깔의 아름다움을 즐기는 것과 공기에 닿게 하여 부드러운 맛을 얻기 위함이다. 와인의 향과 맛, 색깔을 옷감, 나무, 풀, 꽃, 허브 등 자연의 모든 것과 비교하면서 이야기를 나누는 대화는 식사의 진정한 즐거움이라 할 수 있다.

프랑스의 샹파뉴 지역산의 발포성주만이 샴페인이라 부른다. 샴페인 글라스(Glass)가 가지런히 세워진 디너(Dinner)는 특별히 멋있고 화려한 분위기가 연출된다.

식전주하면 샴페인은 물론 보르도, 쉐리, 미모사, 간바리, 소다 등 그 외에도 여러 가지 진기한 술들이 있다. 아페리티브에는 반드시 에피타이저가 곁들여져야 한다. 작은 접시에 몇 종류의 작은 음식을 집기 좋게 담는다. 이것이 파티의 처음의 연출이다. 초여름 누구나 기다려지는 복숭아의 샴페인을 섞은 베리니 또는 계절의 과일을 섞은 드링크를 준비해 보도록 한다.

연한 핑크색의 복숭아 칵테일 베리니는 이탈리아 베니스에 있는 하리스바에서 탄생하였다.

곤도라가 떠있는 베니스의 운하에 꼭 맞는 음료이다.

술은 그 당시의 분위기가 중요하다. 술을 마시기 위한 테이블세팅은 실크와 같은 미풍이 뺨을 스치고 약간의 들꽃이 하늘거리는 느낌이 들도록 연출하면 좋다.

그리고 적정 온도로 관리한 병을 열어서 글라스에 부을 때까지의 시간을 준비해놓고 손님을 맞이하며 즐거운 시간이 되도록 한다.

2. 와인의 분류

1) 색에 따른 분류

● 레드와인(Red Wine)

적포도의 씨와 겁질을 그대로 함께 넣어 발효시킴으로써 붉은색소 뿐만 아니라 씨와 겁질에 있는 탄닌(Tannin) 성분까지 함께 추출되므로 떫은 맛이 나며, 겁질에서 나오는 붉은 색소로 인하여 붉은 색깔이 난다. 레드 와인의 일반적인 알코올 농도는 12~14% 정도이며, 탄닌성분으로 인해서 17~18℃ 에서 마셔야 제 맛이 나고, 와인이 차가울때 탄닌성분은 쓴 맛이 난다.

● 화이트 와인(White Wine)

백포도를 압착해서 만들고, 또는 적포도를 이용하여 적포도의 겁질과 씨를 제거하고 만드는데, 포도를 으깬 뒤 바로 압착하여 나온 주스를 발효시킨다. 이렇게 만들어진 화이트 와인은 탄닌성분이 적어서 맛이 순하고, 포도 알맹이에 있는 산(Acid)으로 인해 상큼하며, 포도 알맹이에서 우러나오는 색깔로 인해 노란색을 띤다. 보통 8℃ 에서 마셔야 제 맛이 난다.

● 로제와인(Rose Wine)

붉은 포도로 만드는 로제와인의 색은 핑크색을 띄며, 맛으로 보면 화이트 와인에 가까워 차게 해서 마시는 것이 좋다.

2) 맛에 따른 분류

● 스위트 와인(Sweet Wine)

주로 화이트 와인에 해당되며, 와인을 발효시킬때 포도속의 천연 포도당을 완전히 발효시키지 않고 일부 당분이 남아있는 상태에서 발효를 중지시켜 만든 와인과 설탕을 첨가한 와인 등이 있다.

● 드라이 와인(Dry Wine)

주로 레드와인에 해당되며 포도속의 천연 포도당 대부분을 완전히 발효시켜서 당분이 거의 남아있지 않은 상태의 와인이다.

● 미디엄 드라이 와인(Medium Dry Wine)

화이트 와인에 있어서는 산도와 당도, 레드와인에 있어서는 당도와 탄닌성분이 적절히 배합되어 입안에서 중간 정도의 무게(Body)를 느낄 수 있는 와인이다.

3) 식사시 용도에 따른 분류

● 아페리티프 와인(Aperitif Wine)

식사를 시작하기 전에 식욕을 돋구기 위해 마신다. 가볍게 마실수 있는 강화주나 산뜻하면서 향취가 강한 맛이 나는 와인을 선택한다. 샴페인과 드라이 쉐리(Dry sherry), 벌무스(Vermouth) 등을 마셔도 좋다.

● 테이블 와인(Table Wine)

식사와 곁들여서 마시는 와인으로 음식과 함께 조화를 이루어 마실 때 그맛이 배가 된다. 대체적으로 화이트 와인은 생선류, 레드와인은 육류와 잘 어울린다.

● 디저트 와인(Dessert Wine)

식사 후에 입안을 개운하게 하려고 마시는 와인이다. 약간은 달콤하고 알코올 도수가 높은 디저트 와인을 한 잔 마심으로써 입안을 개운하게 마무리 짓는다.

V. 뷔페 파티(Buffet Party)

1. 뷔페파티(Buffet Party)의 종류

뷔페 파티는 자유롭게 음식을 접시에 담아서 즐기는 파티이다. 가볍게 참가하고 인원수의 범위도 쉽게 조절됨으로써 근년에는 매우 호응도가 높다. 맛있는 요리를 편하게 앉아서 식사하는 프랑스에서는 뷔페식이 많이 보이지 않으나 미국에서는 활발한 편이고 근년에는 일본이나 한국에서도 크고 작은 뷔페식당이 많이 성행하고 있다.

세 가지 뷔페 파티 스타일

① 작은 테이블과 의자준비 : 파티장소의 여기 저기에 작은 테이블을 놓고 그 위에 식사 끝난 접시나 글라스를 놓는다. 연세 많은 분이나 피곤한 분들을 위하여서는 벽면에 의자를 놓기도 한다.

② 소수의 파티인 경우 작은 테이블과 의자가 준비되면 좋다. 인사말을 한다든지 건배 축사 등을 하는데 자리가 산만하지 않도록 앉아서 진행되면 편하게 느껴진다.

③ 전체 인원의 테이블이나 의자를 준비하여 안정감 있게 출석자 전원이 앉아서 식사를 한다. 서로가 요리를 담는데 겹치지 않도록 조심하면서 벽 쪽에 음식 테이블을 준비하고 자유스럽게 가져다 식사한다. 호텔이나 레스토랑에서는 필요할 때에 서브를 하기도 한다.

2. 요리의 진열

1) 식사를 하는 뷔페

풀 코스로 하는 프랑스 요리를 순서대로 준비하여, 오드블(horsdoeure), 생선요리, 육류요리, 샐러드로 구분하여 진열한다. 온도에 따라 요리를 진열하는 경우 차가운 요리, 따뜻한 요리로 구분하여 진열하는 것이 좋다.

2) 디저트뷔페(Dessert Buffet)

아이스크림, 샤벳, 과일, 케익, 커피, 홍차를 진열한다.

3) 아침식사의 뷔페(Breakfast Buffef)

주스 종류, 달걀요리, 치즈, 빵, 과일, 요구르트, 시리얼, 케이크 등을 진열한다.

3. 뷔페의 연출

여러 사람이 식사할 때 테이블을 1개만 놓지 말고 다른 1개를 반대편에 준비하여 중심부분의 위치를 넓게 한다. 이곳에 꽃이라든가 어름조각 또는 키가 높은 조각 같은 것을 놓는다. 또 뷔페 테이블에서 고기나 생선을 서브하는 경우도 있고, 디저트의 빙과나 푸르츠도 포크 나이프를 사용하여 먹을 수 있도록 하는 것도 편리하다. 중요한 점은 뷔페파티에서는 이러한 연출과 서비스 보다 내용을 충실히 준비해야 한다는 것이다.

Part VI

Art of Table

식의 연출

I. 식의 창조와 연출

1. 식의 창조와 연출

음식을 맛있게 먹기 위하여 식탁의 분위기를 즐기는 시대가 되었다. 맛을 즐긴다는 것은 요리뿐만 아니라 식탁의 분위기를 맛본다고 할 수 있다.

청결하고 맛스럽게 차린 식탁을 놓고 가족이 모여 앉아 오손도손 하루의 즐거웠던 이야기를 하면서 음식과 분위기를 맛보는 우리의 가정을 창조해 본다. 보기좋은 식탁을 차리기 위하여 어머니가 준비한 요리를 예쁜 그릇에 담아 식탁에 진열하고 가끔은 식탁에 꽃이라도 꽂으면 1년에 몇 번 맞이하는 명절기분보다 더욱 즐겁게 지낼 수 있다. 요리의 맛을 최고로 즐기기 위하여는 요리 그 자체를 맛있게 한다는 문제 이외에 식탁의 연출로 편안한 분위기를 이끌어주고 음악적 선율의 즐거움 그리고 촉각으로 얻어지는 느낌, 더욱이나 음식과 꽃의 향기에 의한 후각의 즐거움이 여기에 더하고 남녀 양성의 융화스러움과 심리적인 기쁨이 있으면 더할 나위 없다. 식을 창조하는 키포인트는 다음 세 가지에 집약된다.

① 밝고 즐거운 식탁분위기 연출
② 오늘의 분위기에 맞는 테이블 세팅
③ 마음이 담긴 요리와 서비스

이와 같이 개성있는 식의 창조로 풍요로운 마음과 우아한 분위기 속에서 식사를 맛있게 할 수 있다면 이것이 인생의 행복인 것이다.

인간이 살아가는데 있어 식사를 한다는 것이 얼마나 중요하며 그리고 누구와 어떤 방법으로 무엇을 먹을까 하는 것이 문제이다.

2. 서양식 테이블 세팅

테이블 세팅이란 식사하는 장소를 연출하는 방법이다.

즐겁고 편안하고 그리고 쾌적한 식사를 하기 위한 세팅은 최저한도의 경우와 최고의 수준이 있다. 물론 때와 장소, 상황에 따라 다르게 표현되지만 될 수 있는 대로 기분 좋게 지내기 위한 룰이 여기서 소개하는 테이블 세팅이다.

기본을 터득한 후에 화려하게 한다든지 개성있게 어레인지하든지 하는 것은 본인의 선택이다. 그러나 원칙적인 세팅이 있고 식사가 있으면 좋겠다.

손님으로서도 소중하게 대접받았다는 마음이 들도록 세팅한다는 것은 대단히 중요한 것이다. 개인의 센스를 살

1) 영국식

우리나라에서는 영국식이 보편화되어 있다.

영국식은 오늘의 메뉴에 따라 필요한 커틀러리를 식탁 위에 얹어 놓는다. 접시를 놓은 다음 냅킨을 그 위에 놓고 그 오른쪽에 스푼과 나이프를 놓는다. 사용하는 순서대로 나이프의 날이 안쪽으로 오도록 가지런히 놓고, 포크는 가장자리에서부터 사용하는 순서대로 놓는다. 글라스는 화이트와인, 레드와인, 샴페인글라스, 물컵도 놓는다. 보통은 필요한 것만 놓는다. 샴페인글라스는 놓지 않아도 된다. 와인글라스도 1개만 사용하는 경우도 있다.

2) 프랑스식

나이프와 포크는 처음에 서브하는 요리용만 놓고 그 다음은 요리가 나올 때마다 함께 가져다 놓는 것을 정식으로 생각한다. 빵접시와 버터나이프 , 포크는 사용하지 않는 시대가 길었다. 오늘날 세계가 글로벌시대가 되어 프랑스도 버터나이프, 포크를 준비한다. 예전에 프랑스 요리에는 버터와 생크림을 많이 사용하였기에 빵에 버터를 바르면 과잉섭취가 되어 빵에 버터를 바르지 않았다. 또한 맛있는 소스(sauce)의 맛을 음미할 수 없게 되어 상류가정의 식습관에는 사용하지 않았다.

테이블의 중심에는 캔들 스탠드나 꽃이 아름답게 장식된다.

계절의 과일 등은 은기의 콤포트에 예쁘게 담고 소금과 후추를 사이에 놓는다. 앉아 있는 손님의 오른쪽 어깨 위에서부터 음료를 붓는데 음료는 오른쪽, 요리는 왼쪽에서 서브한다.

빵은 왼쪽에 놓는다.

과일이 서브될 때 레몬한쪽을 띄운 물인 횡거볼을 왼쪽에 놓는다. 한쪽 손가락을 조용하게 헹구고 냅킨으로 닦는다. 식사할 때 프랑스 수프 먹는 방법은 뒷쪽에서부터 스푼으로 떠서 앞쪽으로 기우뚱하게 하여 먹는다. 수프를 먹을 때 영국식은 건너편으로 기우뚱하고 수프를 뜰 때도 앞쪽에서 건너편으로 떠서 먹는다.

우리나라의 식사양식은 영국식이 먼저 왔기 때문에 뒤로 기우뚱하고 먹는다.

3. 동양식 테이블 세팅

1) 일본식

요리의 양식에 따라 요리를 내는 순서가 달라지기 때문에 너무 어렵게 생각할 수 있다. 하지만 편하게 생각하고 쾌적한 식탁으로 공간코디를 다듬도록 한다. 특히 중요한 것을 아래에 적어 본다.

① 계절감각을 살려 아름답게 연출하거나 테마를 정하여 연출하도록 한다. 즉 정월 초하루의 인형축제(하나마쓰리) 가을의 수확제 등
② 전통적인 일본의 식기를 충분히 살려서 코디네이트 한다.
③ 실용적으로 사용할 수 있는지 어떤지를 생각하여 부자연스럽지 않도록 한다.
④ 과다장식이 되지 않도록 청결감을 중요시하여 깔끔하게 세팅한다.
⑤ 서로를 어울리게 하기 위하여 각각의 식기에 대한 기본을 알아야 한다.

따라서 요리 자체에 대한 지식을 터득하는 것이 중요하다. 견학, 실습 등 끊이지 않는 노력을 하여 실력을 쌓도록 한다. 작은 소품 등을 일상적으로 수집하는 습관을 가지면 편리하다. 사계절의 여러 가지 젓가락 받침, 나무의 열매, 작은 돌, 그 외에도 냅킨, 종이 종류, 정원에 있는 화분의 잎, 꽃들 그리고 클로스의 종류도 서양과는 틀려서 오히려 자유스러운 분위기를 연출하는 데 편리하다. 색감, 재질의 여러 가지 종류를 서로 어울리게 하는 것도 재미있다.

2) 중국식

중국요리의 경우 몇 인분이라 하는 것보다 1상에 8~10인으로서 몇 상 인지를 결정하고 접시는 돌리기 쉬운 원탁을 사용하고 있다. 그러나 가정에서는 그럴 필요가 없고 우리집에 맞추어서 하면 된다. 우선 먼저 진열하여 놓을 것은 각자 앞에 놓이는 접시들과 양념접시들 그리고 젓가락, 국 떠먹는 사귀수저와 술잔 등이다.

중국은 화려하고 근사하게 연출하는 것을 좋아하기 때문에 테이블 위에 놓는 소품들과 식기들은 붉은색이나 금색을 많이 쓰고 있다.

귀한 손님인 경우는 은기나 요리받는 접시, 뚜껑있는 그릇, 컵 등 아주 예쁘고 화려한 것을 많이 쓴다. 젓가락과 사귀수저는 오른쪽에 길이로 놓는다. 젓가락 받침은 옛날에는 쓰지 않았으나 국제적인 영향을 받아 사용하기 시작하게 된 것이다.

젓가락과 사귀수저를 가지런히 놓기도 하고 젓가락 받침은 즐거움을 표시하는 의미의 장식 등으로 섬세한 것도 있어서 매우 즐겁게 대할 수 있다.

주류는 맥주, 소홍주, 브랜디, 와인 등을 마시는데 각각의 술잔을 선택한다.

식탁 위의 양념은 간장, 겨자, 화초염, 라유, 후추, 식염을 담은 그릇을 테이블 위에 형태를 생각하며 진열한다.

가정에서는 요리 전체를 놓기 때문에 식탁 위는 너무 많은 장식을 하지 않는다. 때에 따라서는 서양요리의 세트나 다른 나라의 식기를 사용해도 관계없다. 접대하는 손님에 따라서 여러 가지의 식기를 쓸 수도 있다.

원래 냅킨은 없고, 끝날 때 뜨거운 수건을 나누어주는 것이었으나 근년에는 냅킨을 사용하는 경우도 있다.

메뉴를 만들 때에는 예쁜 종이를 쓰나 아주 특별한 날에는 붉은 종이에 금색으로 글씨를 쓰기도 한다.

■ 좌석배치

주객은 주인의 정면에 또는 바로 옆에 앉는다. 손님이 많을 때는 2테이블을 사용한다. 이때는 손님의 순서를 중요한 분만 A Table에 앉히는 것이 아니라 A, B Table에 서로서로 엇갈려서 양쪽으로 나누어 앉는다. 이리하여 접대하는 쪽도 나누어서 함께 앉는다. 그리고 긴 젓가락으로 손님에게 나누어 드리면서 자기도 접시에 담아 식사하는 것이 보통이다.

① 1탁 8인으로 한 테이블에 8명이 앉게 된다.

② 주인이 출입문쪽에 앉고 그 마주보는 곳에 주객이 앉는다. 또한 주객의 오른쪽에 주인이 앉아서 접대하기도한다.

③ 2탁 이상인 경우는 주인의 대리인이 합석하여 식사를 대접한다.

4. 한국식 테이블 세팅

1) 상차림

반상기를 사용하며 일반적으로 사기그릇이나 유기그릇을 쓰는데, 흔히 여름에는 사기그릇, 겨울에는 유기그릇을 쓴다. 여름에는 음식을 시원하게, 겨울에는 음식이 식지 말라는 지혜이다. 반상그릇은 물대접을 제외하고는 뚜껑이 있다.

반상은 보통 3첩, 5첩, 7첩을 사용하며, 대가나 궁중에서는 9첩 또는 12첩 사용하는 것이 상차림의 풍속이었다.

첩이란 뚜껑이 있는 반찬그릇을 말한다.

밥과 국, 김치와 찌개, 장을 제외한 반찬 그릇의 수에 따라 첩 수를 세는 것이다.

즉 3첩이라 하면 밥과 국, 김치, 장을 제외하고 뚜껑이 있는 반찬 세 그릇을 말하며 삼첩 반상인 것이다.

그리고 반상차림의 기본은 식품을 골고루 배합하고 조리법을 다양하게 하는 것으로 여러 가지 맛과 영양의 조화로움을 밥상 위에 진열하여 가장 모범답안이 되도록 하는 식문화의 규범이었다.

2) 식사예절 : 휘건의 사용

휘건은 서양의 냅킨과 같은 것으로 식사 때에 무릎에 올려놓는 것이다.

휘건은 조선후기에 궁중의 식생활 풍습이 점차적으로 궁외로 퍼지면서 일부 반가에서 사용하기 시작하였다. 서양 냅킨과 같은 맥락으로 음식물이 옷에 떨어지면 옷이 상하지 않도록 하는 역할이다. 옛날 휘건은 크기가 정해져 있지 않았고, 명주, 목면 또는 갑사로 만들었다.

3) 현대적 테이블세팅

서양문화의 유입으로 전통의 한국식과 서양식의 절충형이다. 식탁에 모든 사람의 음식을 접시나 공기에 담아 나열하고 숟가락과 젓가락을 이용하여 밥과 국을 중심으로 하는 식사를 한다.

5. 푸드 코디네이트 개론

푸드 코디네이터는 세련된 감성과 연결될 수 있는 기초적인 분야의 교양이 중요하다.

항상 자기 자신의 감성을 다듬고, 시대의 흐름에 진전하는 식문화의 정보를 소화 · 흡수하면서 식탁을 중심으로 한 삶의 희열을 서로가 나누면서 내일의 활력소를 이어 나가도록 한다..

1) 식과 감각

음식의 맛을 안다는 것은 과거의 경험을 통하여 종합적으로 판단하여 맛이 있는지 없는지를 평가하는 것으로 다음의 시각, 후각, 촉각, 청각, 미각의 감각 기능이 다듬어지면서 느끼게 되는 것이다.

(1) 시각

5감 중에서도 제일 먼저 느끼게 되는 것은 시각이다.

시각의 움직임을 통하여 우선 메뉴를 읽으면서 감각으로 느끼고, 이어서 요리가 등장하면 색감과 다양한 형태와 취각, 식탁의 분위기와 대접받는 분위기 등 여러 분야가 동시에 어우러져 과거의 경험, 가치관, 심미안의 기능이 한데 어울어져 행복감을 느끼게 된다.

(2) 후각

음식을 감정하는 제2단계는 냄새를 식별하는 기능으로, 먹는다든지 마신다는 행위 이전에 향기를 통하여 직접적으로 맛을 느낄 수 있다.

그 다음은 음식을 입에 넣고 먹으면서 후각과 미각의 공동작업이 다시 한번 후각으로 느끼게 되는 것이다.

(3) 촉각

먹는 음식은 물리적인 접촉이 담당한다.

시각과 취각의 감각기능의 자극을 거친 다음 구체적으로 맛을 보려는 단계에 들어간다.

입안과 혀, 치아 등에서 씹히는 맛, 부드러움, 매끄러움 등이 음식의 특성을 나타낸다. 그리고 온도의 차이도 맛에 영향을 준다. 따라서 가장 맛있게 먹을 수 있는 온도에 대한 배려가 있어야 한다.

또한 피부로 만졌을 때의 굳기라든가 부드러움에 의하여 식재료의 질적인 판단에도 영향을 준다.

(4) 청각

청각은 맛과는 관계없는 것 같이 생각되나 청각을 빼고는 충분한 맛을 보았다고 할 수는 없다.

청각은 취각과 어루러져 미각으로 연결되어 있다.

코르크 마개를 열었을 때 쿵하고 터지는 샴페인 소리와 함께 흘러 넘치는 거품을 볼 때 5감이 동원되어 식욕은 절정에 달한다.

(5) 미각

맛을 느끼는 최대의 감각은 미각이라고 생각되나 미각의 예민한 활동은 입안에서 결정된다. 우선 혀에서 기본 미각이 선별되나 취각과의 공동 작업에 의하여 맛을 얻을 수 있다.

2) 식에 대한 지각

인간은 오감을 총동원하여 식사를 즐긴다. 감각은 외계의 물리적 · 화학적 특성에 대하여 신체의 센서가 감지하는 정도와 그 내용을 대상으로 하지만, 먹거리가 맛있다는 평가는 맛에 관계되는 요인뿐 아니라 식탁의 색깔이나 식기, 접시에 담긴 모양, 그리고 사람의 인생관, 라이프 스타일도 크게 관여하는 종합적인 것이다.

감성이란

① 바깥의 자극에 대한 감각 지각에서 생기는 감각기관의 수용성이다.

② 감각에 의하여 얻어지는 것에 의하여 지배되는 체험내용이다.
따라서 감각에 따르는 감정이나 충격, 욕망을 포함한다.

③ 이성에 의하여 억제되는 감각적 욕망이다.

그리고 감성과학에 대하여 연구자들의 앙케이트 조사에 의한 감성의 정의를 보면 다음과 같다.

① 음식의 맛, 색깔이나 이미지와 같은 애매한 것을 직감적 통찰력으로 받아들이는 인지 · 정서적 능력 특성이다.

② 인간의 감각 지적특성에 관련한 정서적 판단을 함께 하는 것이다.

③ 물건이나 사물에 대한 감수성 특히 대상이 내포하는 다의적이며 애매한 정보에 대한 직감적 능력으로 좋은 센스이든지 센스가 없다든지이다.

식에 대한 감성이란 식의 창고를 구성하는 종합적 인성과 그것을 평가하는 사람의 내적 기준의 레벨과의 대응이다. 즉 감성이란 기관 감각, 더욱이 감정의 움직임을 총괄적으로 말하는 것이다. 식의 과학성과 예술성의 융화로 인간이 먹는 것에 대한 의의에는 생리적인 의의와 정신적인 의의가 있다는 것을 말한다.

먹는다는 것의 법측성을 살리는 과학성과 앞뒤가 같은 미의 창조 표현이라는 예술성도 중요한 요소이다.

과학적이고 분석적인 사고 위에 형성되어진 예술성은 미의 창작을 표현하나 식의 과학성과 예술성은 푸드코디네이터 속에서 살리는 것이 바람직하다.

이와 같은 표현적 예술성은 관찰, 훈련, 체계적인 지식의 습득을 통하여 다듬어진 감성으로 예술적인 표현을 하여야 한다. 기초 교양으로서 식의 문화, 감각의 생리, 식의 심리, 감각의 표현법, 식탁 미학 등을 배움과 동시에 식의 정보에 대하여도 관심을 게을리하지 않아야 한다.

3) 맛의 지혜

5감은 각각 독립된 기능을 가지고 있지만, 서로가 연결되어 있어야 조화롭게 자기 조정을 하며 커뮤니케이션을 할 수 있다. 다음의 그림은 감각의 양식도를 도식화한 것이다.

도면의 윗부분은 시각, 청각, 후각, 촉각, 미각의 오감이 언제나 문을 열고 있으면서 무의식중에 흘러나오는 정보를 받고 있는 것을 표시하고 있다. 즉 촉각은 순간순간 밖의 온도를 감지하고 시각은 일상적인 활동 풍경이나 자연의 풍경을 받아들이며 후각은 끊임없이 주위의 냄새를 맡으며 청각은 소리의 홍수에 젖어 있다. 미각이 움직이는 것은 생리상의 필요가 있을 때이다. 여기에 대하여 그림의 밑부분에 의식을 가진 마음이 5감의 지각의 문을 열고 객관적으로 받아들이면서 주관적으로 좋고 싫은 것을 결정하는 것이다. 이와 같은 평가에는 각자의 교양, 환경, 감성 등의 학습체험이 원인이 되는 것을 나타내는 것이다.

만약 지각의 정확한 계측이나 평가가 가능하다면 요리의 결과도 정확하게 재현할 수 있을 것이나 맛의 취향은 주관적인 것이며, 먹는 사람의 주관은 교육환경, 개인특유의 감성에 의하여 차이가 있으며, 감각의 차이도 여러 가지이다. 학습에 따라 지각도 다듬어지는 것이다.

오감에의 생리적 지각작용에 관한 연구는 급속도로 진행되고 있고, 근년에는 특히 뇌신경 과학의 연구는 매우 활발하여 인간의 심리상태까지도 연구 대상으로 많은 발전이 있으며, 뇌의 활동에서 맛을 측정하려는 연구도 벌써 시작되었다고 한다.

먹는 음식에 대한 입맛, 좋아하는 음식, 싫어하는 음식의 정도는

① 생리적으로 결정하는 요소

② 학습에 의하여 얻어지는 요소

③ 다른 사람의 의견, 교육, 선전 등에 영향을 받아 결정된다.

자료 : 日本フ-ド スペシャリスト協會 編, フ-ドコ-ディネ-ト論, 健帛社, p.12

(1) 식탁 주변 코디네이트

테이블 세팅도 서비스를 하는데 있어서 중요한 요소이다. 실내, 야외, 테이블 클로스, 식기와 커틀러리, 서비스하는 사람, 플라워 어레인지먼트, 조명, 음악, 향기 등 토탈 코디네이트가 필요하다.

(2) 더욱 맛있게의 정신

우선 뜨거운 요리는 뜨겁게, 차가운 요리는 차갑게 대접하는 것과 맛을 볼 때의 적당한 온도에 대하여 한번 더 살피는 마음이 중요하다. 모처럼 조리한 훌륭한 요리가 맛있게도 맛없게도 되기 때문이다.

요리 또는 식품, 치즈, 와인 그 외의 식품의 성격에 맞는 적당한 온도에 맞는 서비스 정보를 명심한다. 뜨거울 때에 맛있는 요리는 반드시 뜨거운 그릇에 담아서 식기 전에 서비스한다.

차가운 것이 맛있는 요리는 충분히 차갑게 하여 차가운 그릇에 담아서 낸다. 또한 뜨겁게 하거나 차게 하거나 그 나름으로 맛있는 음식은 먹는 사람의 기호에 따라 계절을 생각하면서 온도를 결정한다. 특히나 와인에 대한 적당한 온도의 서비스는 더욱 복잡하고 섬세하다.

그 다음 중요한 것은 맛의 하모니에 대하여 어떠한 요리를 선택하여 서로 어울리게 하며 어떠한 순서로 서비스를 할 것인가이다. 요리마다 맛이 어울리지 않는다든지 또는 각각의 개성이 서로가 잘 어울려서 요리자체의 맛이 2배로 향상되기도 한다.

또한 요리와 와인의 하모니, 치즈와 와인 그리고 다른 요리하고도 어울리는 음료를 선택하는 것은 맛의 하모니에서 가장 중요한 요소이며, 이와 같은 기본을 익히는 것 또한 중요하다.

(3) 프로, 아마추어 공통의 서비스 기본과 정신

푸드 코디네이터로서 더욱 맛있게 서비스를 하는 정신은 때, 장소, 목적 등 경우에 따라 가치를 결정하는 가장 중요한 포인트이다. 호텔 레스토랑의 프로패셔널한 서비스의 경우는 물론이지만 아마추어의 경우도 가정에 있어서 건강한 식생활을 더욱 즐겁게, 더욱 맛있게, 더욱 충실하며, 더욱 안전한 식사가 되어 인간으로서 기본이 되는 부분을 좌우하고 있다는 것을 절대 잊어서는 안된다.

4) 요리와 세팅의 기본

요리는 파티라 할지라도 따뜻한 것은 따뜻하게 차가운 것은 차갑게 하여 손님들에게 정성스러움이 전달되도록 배려하도록 한다.

요리를 가져오기 위한 서버나 소스를 뜨는 국자(ladle) 등을 적절히 놓도록 하고, 동양적인 큰 접시나 큰 대접 또는 빛나는 글라스 등은 전체적인 모드를 생각하여 서로가 어울릴 수 있도록 적재적소에 배치한다. 그리고 사이드 테이블을 준비하여 디저트나 마시는 음료를 서비스하도록 한다.

사람들의 움직임이 서로 나누어져서 혼잡을 피할 수 있도록 서서 먹는 경우에는 요리를 자기 접시에 담으면 바로 메인 테이블에서 떠나 적당한 장소에서 먹도록 한다. 혼잡을 피하기 위한 매너이다.

그러기 위하여서는 작은 테이블을 몇 개 여기 저기 놓고 혼잡을 피하도록 한다.

이와 같은 경우 메인테이블, 즉 중심에 놓는 큰 테이블은 테이블 코디를 하도록 한다.

그리고 작은 테이블은 사용이 끝난 접시나 글라스를 놓는다.

홈파티인 경우 장소에 여유가 있다면 화제를 유도할 수 있는 소품을 장식한 테이블에 겸용으로 사용이 끝난 식기를 정돈하여 놓으면 서서 먹는 파티에서도 정식인 경우와 친구끼리의 모임에서도 이용하는 것이 좋다.

모임의 의상도 화려하게 입는 것만이 좋은 센스라고 할 수는 없다. 센스란 계절감각을 살려서 편하게 대화할 수 있어야 하며, 그 모임에서 오래도록 함께 하고 싶다고 생각하는 분위기가 성공이라 할 수 있다.

어느 봄날 벚꽃이 만발할 때 흰단지에 벚꽃을 하나 가득 꽂아놓고, 핑크 테이블 클로스를 깐 위에 흰색 레이스를 깔고, 초밥에 우엉, 연근조림을 다져서 섞은 후 가득 담고, 노란색 지단채, 연분홍 생강을 다져서 뿌려보자. 식탁에는 나누는 접시와 밥주걱, 김치, 시금치말이, 제육졸임, 물김치를 차려놓고, 가까운 친구와 봄놀이 하는 것은 어떤지. 오미자 화채로 색감을 살려본다.

5) 푸드 코디네이터의 기초적 교양

(1) 식문화

생산한 식재료를 저장하는 것, 가공하는 것, 운반하는 것, 팔고 사고, 조리하고, 식탁에 갖추어서 먹는 것, 소화하는 것까지가 식문화의 범위이다.

그 다음이 식품을 만드는 것, 가공하는 것을 식의 생산문화라고 하며, 운반하고 사는 것을 식의 유통문화, 그리고 조리하며 소화하는 것을 식사문화라고 한다.

식문화는 비교문화이기도 하다.

식문화란 어느 지역의 문화와 비교하는 것보다 그 나름의 독창성, 독자성을 주장할 수 있다. 그리고 식문화는 때와 장소를 중시하기 때문에 역사성과 장소성이 중요하다.

그리고 식문화는 주관적, 관찰적, 개별적, 전체적, 정서적 등의 견해를 염두에 두어야 한다.

(2) 감각의 생리

인간은 필요한 화학물질의 결합으로 그 보급이 필요해지면 공복감, 갈증이 발생하여 다음으로 먹는 대상물을 구하는 행동이 생긴다.

음식물을 눈으로 보고, 코로 냄새 맡고, 피부로 만져보고, 귀로 듣고, 혀로 맛을 본다와 같이 각 감각기의 말초 감각으로 판단하며, 대뇌피질에서 지각 · 판단한다. 먹는 음식의 여러 가지 인상은 수동적 인상, 능동적 인상으로 나누어지나 그것은 감각적 인상과 지각적 인상이다. 먹는 음식의 맛에 대한 체험은 어려움 없이 기억하고, 그 기억은 길게 남기 때문에 학습효과 즉 습관에 의하여 그 인상은 강해지기도 한다.

(3) 식의 감정

맛있는 음식은 그 식품의 특성이 아니라 심적 경험에서 온다. 우리들이 음식을 먹을 때의 음식에 대한 맛은 희로애락의 감정과 정신적 긴장도에 의하여 좌우된다.

심리상태는 먹은 후의 소화흡수에도 영향을 미친다. 음식에 의하여 생각하는 감정은 여러 가지가 있다. 그 중에서 가장 대표적인 것이 맛있어 보이는 감정이다. 또는 그 반대로 먹고 싶지 않던가 또는 맛있어 보이지 않는다 라는 감정이다. 테이블세팅에서도 맛있다, 기분이 좋다 등의 감정을 일으키도록 해야 한다.

(4) 감각표현법

식에 대한 정보를 어떻게 설명해야 되는지는 각자의 많은 경험과 다양한 표현방법에 의하여 전달될 수 있다. 많은 예술작품을 말로서 설명하기란 어렵고 그림이나 음악을 직접 보거나 들어보아야 하는 것처럼 감상자 자신의 눈과 귀로 맛을 볼 수밖에 방법이 없다.

요리를 예술이라 하나 그림과 달라 보기만 하는 것이 아니라 냄새를 맡고 맛을 보고 오감을 동원하여 맛을 보는 것이므로 종합적인 만족감을 주어야 한다. 먹는 음식의 경우 여러 가지 특성은 이화학적 방법, 화학적 방법, 화학 물리적으로 측정할 수 있으며 맛의 감각은 단어로 표현하는 방법을 쓰기도 한다. 예를 들어 맛있다, 맛없다, 딱딱하다, 너무 연하다, 싱겁다, 짜다, 간이 세다 등등의 표현 외에 여러 가지 방법으로 표현되어지기도 한다.

(5) 식탁미학

식문화 중에서 식탁을 중심으로 한 여러 가지 메시지 등 아름다움을 대상으로 하는 분야가 있다. 아름다움은 직감적인 감성에 따라 생기는 것인데, 가치관의 연출 즉 식탁의 구성, 식기와 접시에 담는 미학, 대접하는 미학, 식사예절 등이 포함된다.

근년에 엎드려 상을 차리는 우리들의 부엌은 입식으로 변하고, 장작나무와 연탄에서 가스로 바뀌고, 식탁도 앉는 상에서 의자식으로 많이 개량되었다. 테이블 위에 음식을 차리고 의자에 앉아서 식사하는 현실은 여러 가지 식기와 테이블 웨어가 어우러져 조화롭고 아름다운 식탁미를 창조하고 있다.

6. 음식의 프리젠테이션

요리의 외형은 일반적으로 주변의 환경이나 조명에 의해 영향을 받기는 하지만 그릇 위에 놓인 음식의 크기, 모양, 색 등을 말하며, 요리의 예술성 부여를 통한 전체적인 요리의 품질 평가에 결정적인 영향으로 고부가가치의 창출을 얻게 된다.

크기 : 음식 자체의 적정 크기, 그릇 크기와의 조화, 섭취 요구량 및 경제성

모양 : 특성을 살린 모양, 식재료의 미적 모양, 전체적인 조화(선, 높이)

색 : 각 식재료 고유의 색, 전체적인 색의 조화, 식욕을 돋구는 색

프리젠테이션의 목적은 요리의 예술성을 높이고 그 요리를 먹는 대상을 만족시키는 데 있다.

1) 예술성을 높이는 프리젠테이션의 기법

① 고객의 감각을 재미있고 자극적이도록 음식을 표현한다.

② 매력적이고 호소력 있는 요리 표현은 음식을 맛보고 싶도록 자극하는데, 지나치게 요란하거나 인위적인 색의 조합은 부자연스러울 수 있다.

③ 주된 색채는 부드럽고 자연스러우며 조화로워야 한다. 요리를 표현할 때의 두 가지 주요 카테고리는 갈색톤(earth tone)과 진동(vibrant)인데, 이 두 카테고리를 이용하면 음식과 색깔의 조화를 쉽게 표현할 수 있다.

④ 조리의 기본원리를 충실히 지키는 것이 무엇보다 중요하다. 만약에 불필요한 재료를 사요하거나 조화롭지 못하면 단순한 아름다움은 사라져 버린다.

⑤ 조화로운 조리법의 사용은 기본적인 풍미나 질감은 물론 요리의 표현까지 풍성하게 한다.

⑥ 가니쉬(고명)는 강화, 부가적인 기능을 수행해야 하며, 주요리를 해치는 역할을 해서는 안된다.

2) 프리젠테이션 구성요소

(1) 플레이트 컨셉(palte concept)

이번 요리는 어떤 특성을 살려서 어떠한 의미를 부여할 것인가에 대한 기본 개념으로, 요리를 먹을 고객이 누구이며 식사하는 자리가 어떤 성격의 자리인지를 알아야 한다.

고객과 식사의 목적을 알게 되면 그릇을 선택하고 어떤 컨셉으로 담을 것인지에 대한 윤곽을 알 수 있다.

(2) 통일성, 초점, 흐름(unity, focal point, flow)

① 통일성 : 하나의 접시 뿐만 아니라 코스요리, 뷔페요리에서는 모든 요리의 통일성까지 고려한 것으로 통일성의 반대 개념은 산만함, 조잡함으로 볼 수 있다.

② 초점 : 가장 먼저, 많이, 강하게 눈이 가며 그 대상의 첫 인상이 갖게 되는 그러한 부분 혹은 구성하고 있는 물체를 말한다.

③ 흐름 : 움직임이 있는 것과 같은 흐름이 연상되게 할 수 있다. 선, 면, 공간 등을 표현할 때 생동감 있고 참신한 예술적 감각을 나타내기 위해서는 흐름이란 개념이 요리 속에 녹아들어야 한다.

(3) 균형(balance)

균형의 유형인 재료 혹은 음식 선택의 균형과 색의 균형, 조리방법의 균형, 음식 혹은 재료 모양의 균형질감, 향미의 균형

(4) 색(color)

색은 어떤 물체를 인식하는데 가장 중요한 판단 기준으로 신선함, 품질, 조리된 상태를 반영하며, 보기 좋은 음식이 맛도 좋다.

(5) 고명(garnish)

어떤 재료를 마무리 단계에 있는 요리에 얹어 요리의 품질을 높이는 행위 혹은 그 재료를 말하며, 가장 중요한 사용원칙은 색의 조화를 이루는데 있다. 주요리 원래의 색을 살리고 자연스러우며, 대비의 맛이 있어야 한다. 또한 가니쉬는 주요리의 특성을 살리는 보조기능을 하는 것이므로 단순히 색깔만을 위한 가니쉬는 피하고 풍미와 맛을 더해주는 기능을 수행해야 한다. 동일한 모양, 같은 식재료의 중복 사용은 피하는 것이 좋고, 무엇보다 외 꼭 이 가니쉬가 필요한가에 대한 명확한 답변을 할 수 없다면 불필요한 가니쉬가 되고 만다.

7. 푸드 코디의 디자인 요건

푸드 코디의 활동에 있어서 그 결과의 평가가 좋은 디자인으로 평가되기 위해서는 디자인의 8가지 조건이 충족되어야 한다.

(1) 합목적성

실용상의 목적을 가리키는 것으로 실용성 혹은 효용성이라고도 할 수 있다. 원하는 작품의 코디에 있어서 실제의 목적에 알맞도록 하는 것이다.

(2) 심미성

원칙적으로는 합목적성과 서로 대립되어 있다. 인간생활의 질적 수준을 향상시킨다는 차원에서 조형미, 내용미, 기능미, 색채, 재질의 아름다움을 나타내야 한다. 아름답다는 느낌, 즉 미의식을 뜻한다.

(3) 경제성

최소의 인적자산, 물적자산, 금융자산 및 정보를 투입하여 최대의 효과를 거둔다는 경제적 운용의 원칙이다. 이 같은 경제성을 토대로 아름다움이 나타나게 되고, 한정된 경비로 최상의 코디를 창출하게 되는 것이다.

(4) 독창성

독창적이고 창조적인 것은 현대 디자인의 핵심이다. 푸드 코디는 항상 창조적이며 이상을 추구해야 하고 독창성이라고 하는 본질에 기인해야 그 가치가 인정될 수 있다.

(5) 질서성

"디자인은 질서이다" 라는 말이 있다. 각 원리에서 가리키는 모든 조건을 하나의 통일체로 하는 것은 질서를

유지하고 조직을 세우는 것으로, 푸드 코디에 있어서 매우 중요하다.

(6) 합리성

합리성과 비합리성이 화합된 디자인을 근대적이고 가장 합리적인 디자인이라고 할 수 있다. 즉 경제성은 지적 활동에 속하고, 독창성은 감정적 활동에 속한다. 지적 활동에 의한 것은 디자인의 합리적 요소를 형성하고, 감정적 활동에 의한 것은 비합리적 요소를 형성한다. 그러므로 합리성과 비합리성이 밀착되도록 통일시키는 것이 질서성의 원리이다.

(7) 문화성

정보사회로 진입한 오늘날 장래의 국제환경을 전망해 보면, 민족주의에 대한 관심이 높아질 것이 예상된다. 정보시대는 사람들에게 세계인으로서의 위상과 개별화에 대한 가치인식을 동시에 요구한다. 이는 세계화와 지역화라는 동시 발생적인 상황 앞에, 문화의 특수 가치에 대한 비중이 높아가고 있음을 인식시켜준다.

(8) 친자연성

오늘날의 모든 디자인 영역들은 그 대상물이 유형적인 것이든 무형적인 것이든, 제품이든 시스템이든 생태학적으로 건강하고 유기적 전체에 통합되는 인공환경의 구축을 궁극의 목표로 삼아야 한다. 디자인의 태도는 자연과의 공생과 상생이라는 측면에서 검토되고 적극적으로 통일되어야 한다.

8. 국제의례(쁘로도 골)

쁘로도 골이란 국제의례(國際儀禮)를 이르는 말이다. 대단히 어렵게 생각되나 절대로 특별한 사람들의 특별한 의례가 아니며 국제적으로 통용되는 교양으로서의 예의법이다. 필요에 따라 몇 가지의 정해진 약속이 있으므로 기본이 되는 쁘로도 골을 알고 있으면 언제나 안심하고 세계 각국의 사람들과의 교류를 부드럽게 할 수 있다. 그리고 만나는 상대에 대하여 불쾌한 인상을 주지 않으며 호감을 얻을 수 있는 말과 행동, 즉 분위기를 지니도록 하는 것이 쁘로도 골의 일부분이다. 우선 가까이 다가가고자 하는 마음으로 시작되어 아름답고 우아하며 최선의 대접을 할 수 있는 것이 이상적이다. 이것은 자기 자신의 노력에 따라 다듬어 질수 있다.

1) 주객(主客)을 중심으로 좌석을 결정한다.

테이블 세팅에서는 착석하는 순서가 쁘로도 골 중에서 가장 중요하다고 할 수 있다. 프랑스 식에서는 정식 만찬의 석순은 테이블 중심에서 무대나 단상이 보일 수 있는 위치에 주객이 앉도록 한다. 그 왼편에 호스트, 호스티스는 호스트의 맞은편, 그다음 주객다음의 손님은 오른쪽 좌석이 되고 그다음은 실을 교차하면서 뜨개질하듯 좌석을 결정한다. 여성과 남성이 교대로 앉는 것을 즐긴다. 그리고 여성이 마지막 좌석에 앉지 않도록 배려한다.

영국식은 불란서식과는 전연 다르다. 테이블의 양끝에 호스트 · 호스티스가 앉고 주객이 호스트의 오른쪽에, 주객의 다음 손님은 호스티스의 오른쪽에 앉는다. 기본적으로는 사회적 지위, 연령의 순서이며 남녀는 여성이 우선 순위가 된다. 사회적 지위에 대한 판단의 하나로는 직업에 따라 판단하기도 하며, 공적인 경우는 국회의원이나 대사, 공사 등 국가를 대표하는 사람을 초대한 경우 그 분을 우선하고, 종교적인 입장을 대표하는 분을 우선한다.

2) 호스트 · 호스티스의 손님접대 자세

손님접대는 덥지도 않고 춥지도 않으며 편안하고 따뜻한 분위기를 느끼도록 한다. 준비된 요리의 따뜻한 온도와 같이 손님으로 하여금 편히 지낼 수 있도록 배려한다. 그리고 호스티스는 손님 맞이하는 얼굴에 피곤함이 보이지 않도록 하며 건강한 모습으로 손님맞이를 기분 좋게 한다.

사교의 달인이라 하며 외교관으로서의 모범을 보인 사람들으로는 19세기 나폴레옹 1세 시대의 불란서 귀족으로 외무대신을 지낸 다이레이란 공(公)을 들 수 있다. 다이레이란 공(公)의 손님접대 방법은 최고라 하는데 적은 인원수로서 6인을 중심으로 이루어지며 완벽한 맛의 요리를 위하여 최대한 정성을 드린 디저트가 포인트라 하였다. 꿈과 같이 아름다운 하이레벨의 식탁예술이 테이블 세팅의 최고라 한다. 인간의 5감, 즉 미각 시각 청각 취각 촉각의 모두가 조화롭게 이루어지는 것이다. 그리하여 다이레이란의 교제술은 대성공으로 이어져 교제범위가 점점 넓어지면서 영국, 러시아, 유럽 등 여러 나라의 왕후, 귀족, 외교관들에게서 주문이 쇄도하였고 함께 일하는 조리사들의 출장 요청도 많아지게 되었다. 그리하여 세계에서 공통적으로 프랑스요리, 테이블 세팅, 서비스, 식탁예술 등의 식탁외교가 19세기에서부터 시작되어 현재까지도 프랑스식이 기본이 되고 있다. 그리고 쁘로도 골의 큰 목적은 오신 손님에게 경의를 표하며 부끄러움이 없도록 하는 것이다. 이것은 19세기의 영국에서 빅토리아 여왕의 공적이 매우 크다고 한다. 19세기 중산계급이 성공하여 귀족계급과 융합 할 수 있었던 것도 쉽고 편한 파티의 룰을 만들었기 때문이라고 한다. 파티에 초대할 때에는 초대장을 내고 파티에 따라 복장을 지정하여 초대장에 써서 보내는 룰을 만들었기 때문에 초대받은 누구나가 파티의 취지를 이해하고 안심하여 출석하게 되어 활발한 교제관계가 이루어졌고 그것이 오늘의 쁘로도 골의 표본이 되었다.

3) 초대장을 보낼때

반드시 초대장을 보내도록 하며 일시, 장소, 주최자 이름을 기입한다. 참석과 결석의 답장이 필요할 때에는 R.S.V.P.(Repondez sil vous plait)를 명시한다. 복장의 지정은 남성의 복장에 준한 표기를 한다. 호스티스의 복장은 주빈보다 눈에 띄지 않을 정도의 감각있는 좋은 복장을 하며 여성의 복장은 댄스가 있을 경우에는 롱 드레스를 입고, 식사뿐인 경우는 보통 드레스를, 그리고 미국에서의 결혼식에 참석할 경우 롱 드레스를 입는 경우가 많다. 남성의 복장이 화이트타이(White tie)로 지정된 경우 여성은 피부가 많이 드러나는 롱 드레스를 입고 부부가 함께 참석한다. 민속의상인 경우는 각 나라마다의 습관대로 입는다. 근년에는 턱시도를 입는 블랙타이(Black tie)가 지정된 정찬이 정식에 가까운 경향이다. 이때에는 여성도 우아한 드레스를 입는다.

4) 간단한 초대

전화 또는 말로 초대한다. 전화를 하는 경우는 녹음으로 남기지 말고 직접 말로써 상대에게 초대하도록 한다.

5) 파티의 마음자세

① 집의 현관 또는 레스토랑의 입구에서 호스트와 호스티스는 손님을 맞이한다. 그리고 돌아 갈 때에도 같은 방법으로 인사를 한다.

② 식전술(Aperitif) : 파티장소의 한쪽 또는 별실에서 식전술을 권한다. 그리하여 후일에도 이어서 좋은 만남이 되도록 손님들끼리 좋은 인연을 만들 수 있는 기회를 마련하는 것이다. 오신 손님이 적은 경우는 서로 인사하며 소개하도록 한다.

③ 식사 중 : 이야기를 잘 나누는 사람과 손님하고 나란히 앉도록 하여 모두가 즐거운 분위기에서 지내도록 한다. 주인도 손님과 식사하면서 이야기를 나누도록 한다.

④ 식후의 커피는 별실에서 소파에 편히 앉아서 마시도록 서비스하는 것이 이상적이다. 식후이기 때문에 손님이 마지막까지 편히 지내도록 하기 위한 시간으로 마지막 클라이 막스가 되는 커피 타임이다. 결국 호스티스가 파티를 성공리에 끝마칠 수 있는 중요한 장소이다. 환담하면서 커피를 마시고 가벼운 과자 등도 준비하여 식후의 드링크류, 브랜디, 리큐르 등을 권한다. 음악을 즐기고 댄스를 할 수 있도록 배려하고, 여러 가지를 즐기도록 한다.

⑤ 귀가(歸家) : 손님이 퇴장할 때 호스트와 호스티스는 입구까지 나가도록 한다. 긴 시간에 걸쳐 늦은 시각까지 계신데 대한 인사를 하며 기분 좋은 웃음으로 감사의 인사를 하도록 한다.

참고문헌

日本フ-ドコ-ディネ-タ-協會 編, フ-ドコ-ディネ-タ-敎本, 皆田書店

日本フ-ド スペシャリスト協會 編, フ-ドコ-ディネ-ト論, 健帛社

今田 美奈子, 正統の テ-ブル セッティング, Kodansha

永井文人, 圖解テ-ブルナプキソの折り方, 柴田書店

永岡書店編輯部編, 洋食器, 永岡書店

이석현 외, 현대칵테일과 음료이론, 백산출판사

조리교재발간위원회, 조리체계론, 한국외식정보

진양호 외, 메뉴관리론, 지구문화사

도움주신 분들

HOTEL LOTTE

HOTEL SILLA

BACCARAT

주한 프랑스 대사관 Francois Desquete Christina

주한 이집트 대사관 Abir Helmy

주한 모로코 대사관 Nouria Alj Hakim

주한 헝가리 대사관 Júlia László

무궁화 로타리 14대 정재욱회장

① 프랑스대사관 부인
Francois Desquete Christina

② 이집트대사관 부인
Abir Helmy

③ 모로코대사관 부인
Nouria Alj Hakim

④ 헝가리대사관 부인
Júlia László

이이다 미유끼 선생님과 데임 이사회 기념 촬영

感謝状

Certificate of Appreciation

HAN JUNG HAE
OH KYOUNG HWA 殿

あなたはテーブルウェア・フェスティバル暮らしを彩る器展の開催にあたりその成功に大きく寄与されました
本展へのご協力に対しここに深く感謝の意を表します

The
Tableware Festival Organizing Committee
offers its sincere thanks
for your cooperation and contributions
toward the success
of the Tableware Festival 2004

2004年3月

テーブルウェア・フェスティバル実行委員会
会長 林 有厚
Yewkow Hayashi
PRESIDENT

일본 국제 테이블웨어 페스티발
조직위로부터 받은 감사패

브란드 후작 저택 방문(지스카르 대통령 장인)

세롯트 시장과 함께

Leche Bamisa 건축과 교수님과

Le Chateau de la Roselle 접견실에서

포도주 대사 임명식(후랑소와 라브레 와인 협회)